DeepSeek
极速办公

曾英杰　源泉◎著

北京时代华文书局

图书在版编目（CIP）数据

DeepSeek 极速办公 / 曾英杰 , 源泉著 . -- 北京：北京时代华文书局，2025. 4. -- ISBN 978-7-5699-5988-8

Ⅰ . TP317.1

中国国家版本馆 CIP 数据核字第 2025NL9847 号

DeepSeek　JISU BANGONG

| 出 版 人：陈　涛 |
| 策划编辑：薛　芊 |
| 责任编辑：薛　芊 |
| 特约编辑：许建凯　牛牧原　张云倩　蔡子悦 |
| 封面设计：WONDERLAND Book design 仙德 QQ:344581934 |
| 版式设计：孙丽莉 |
| 责任印制：刘　银 |

出版发行：北京时代华文书局 http://www.bjsdsj.com.cn
　　　　　北京市东城区安定门外大街 138 号皇城国际大厦 A 座 8 层
　　　　　邮编：100011　电话：010-64263661　64261528

| 印　　刷：河北京平诚乾印刷有限公司 |
| 开　　本：710 mm×1000 mm　1/16　　成品尺寸：165mm×235 mm |
| 印　　张：16.5　　字　　数：205 千字 |
| 版　　次：2025 年 4 月第 1 版　　印　　次：2025 年 4 月第 1 次印刷 |
| 定　　价：58.00 元 |

版权所有，侵权必究

本书如有印刷、装订等质量问题，本社负责调换，电话：010-64267955。

自序

◆ **为什么要写这本书**

亲爱的读者，当你翻开这本书时，我们正共同站在人类文明史上最激动人心的转折点上！

2025年春节，是中国科技界有史以来的高光时刻。DeepSeek的横空出世，让每一个中国人脸上都洋溢着自豪的笑容。DeepSeek在全球140个市场中下载量排名第一，"国运级的AI产品"，这是大家对它的赞誉。

拥抱AI，不应该是口号，而应该是实实在在的行动。

2025年2月2日，大年初五，我们团队推出了《DeepSeek从入门到精通》的课程。当天，直播间涌入1.2万人，第二天直播间涌入近6万人。春节期间，我们的《DeepSeek从入门到精通》电子书在全网疯传。在直播间，我充分感受到了大家的激动与焦虑：老师，我60多岁了，能学DeepSeek吗？老师，我不懂编程，能学DeepSeek吗？老师，如何用DeepSeek来搭建获客系统？

这种激动与焦虑，恍惚间，让我回到了2017年。那时的我还在一家上市公司集团总部负责营销数字化。我们非常确定营销数字化一定是大势所趋，但具体怎么做，只能结合内外部的各种资源，默默摸索。最终经过1300多天的折腾，我们从最早的业务标准化梳理，实现了业务数字化、管理数字化和决策数字化。我们的价格预测及算法系统还拿到了国家版权局计算机软件著作权利登记书。

如果放到现在，有 DeepSeek 的加持，我们做数字化转型会高效很多。

在每一次新技术浪潮中，我们都带领着学员们从 0 到 1：

2022 年开始，我们带着累计 4000 多位学员从 0 到 1 做新媒体，做流量获客成交；

2023 年开始，我们带着累计 2000 多位学员从 0 到 1 用 AI 提高效率，从改文案、写文案开始，到全面应用 AI 解决职场各种问题；

2025 年开始，我们带着学员通过搭建智能体，解决业务中的实际问题——写家族史、做企业内训知识库、做产品推荐，以及做批量文案撰写，等等。

我们发现在这么多从 0 到 1 的过程中，每一个新技术的出现，人们总是既兴奋又恐惧。尤其是因对 AI 的未知而产生恐惧和焦虑，阻碍了很多人去了解它，更不用说使用它。

用好 DeepSeek，最重要的是用。用得多了，才能用得好。为了让大家更好地用好 DeepSeek，于是就有了这本《DeepSeek 极速办公》。

◆ 通过这本书，你能学到什么

这本书遵循一个原则：让大家对 DeepSeek 有一个充分正确的认知。既不要神化它，也不要污名化它。只有当我们对 AI 祛魅，有了正确认知，才能够用好它。

如何用好 DeepSeek？很简单，首先你得掌握提示词。虽然

DeepSeek 作为一个推理模型，对提示词的要求不如 ChatGPT 高，但基于跟 DeepSeek 近万次的沟通经验，我们发现，用好的提示词结构，一定会拿到更好的结果。这一点，大家可以在本书第 2 章里看到详细的对比。

当掌握了 AI 提示词的运用能力后，你会更清晰地看到，不同岗位在使用 AI 工具时需要适配其特有的工作场景，对提示词的使用是不太一样的。为了让所有职场人用好 DeepSeek，我们针对职场中最常见的 7 个岗位（行政、人力、销售、产品、运营、财务和法务）的 20 多个场景，进行了非常详细的案例拆解。你可以找到对应的岗位使用指南，让自己的工作得到极大提效。

当你熟练掌握 DeepSeek 所有功能后，可能会发现很多工作单靠 DeepSeek 是无法完成的。当你想要制作复杂的思维导图、PPT、图片和视频时，你需要 DeepSeek 加上其他工具的组合。为此，我们在第 4 章给大家准备了 DeepSeek 和外部十几种优秀工具的组合，让 AI 给我们工作的提效范围更大。

如果你不想每次都要写那么多提示词，想直接点下鼠标，AI 就帮你完成工作，这时，你已经来到了职场自动化模块。我们在书里会手把手教你搭建专属定制的智能体，解决你重复性的工作，比如一键生成爆款文案、自动生成每日资讯简报等。

亲爱的读者朋友们，让我们一起开始 DeepSeek 的学习之旅吧！

曾英杰
2025 年 3 月于广州

目录

第 1 章
DeepSeek 是什么

第 1 节 DeepSeek 的基本功能介绍 　　002
　　1.1 DeepSeek 的前世今生 　　002
　　1.2 DeepSeek 如何下载和注册 　　003

第 2 节 DeepSeek 带来的职场革命 　　004
　　2.1 重复性工作岗位快速消失 　　004
　　2.2 大量新岗位诞生 　　005

第 2 章
DeepSeek 提示词实战

第 1 节 提示词概念及解析 　　008
　　1.1 提示词的概念及框架 　　008
　　1.2 DeepSeek 常见的 5 种提示词技巧 　　009
　　1.3 职场人使用提示词常见的 5 大错误 　　011

第 2 节 三代提示词的演变路径　　　　　　　　　　014

 2.1 菜鸟新人的"查字典式"提问　　　　　　014

 2.2 资深员工的"填空题工作法"　　　　　　018

 2.3 思维链激发 & 知识蒸馏的新型交互　　　019

第 3 节 常见的提示词框架及模板　　　　　　　　022

 3.1 适合日常使用的三段论提示词框架　　　022

 3.2 适合简单行动的 TAG 提示词框架　　　　023

 3.3 适合商业决策使用的 CRISP 提示词框架　025

 3.4 适合复杂问题拆解的 AGENT 提示词框架　027

第 3 章
关键岗位场景突破

第 1 节 垂直岗位　　　　　　　　　　　　　　　030

 1.1 行政岗　　　　　　　　　　　　　　　030

 1.2 人力岗　　　　　　　　　　　　　　　039

 1.3 销售岗　　　　　　　　　　　　　　　047

 1.4 产品岗　　　　　　　　　　　　　　　056

 1.5 运营岗　　　　　　　　　　　　　　　064

 1.6 财务岗　　　　　　　　　　　　　　　078

 1.7 法务岗　　　　　　　　　　　　　　　086

第 2 节 企业组织能力突破　　　　　　　　　　　096

 2.1 基于知识库提升企业组织能力　　　　　096

目录

2.2 搭建知识库几种常见方案　　097

2.3 搭建 ima+ 知识库的具体操作步骤　　099

第 4 章
外部工具协同职场进阶

第 1 节　办公协作类工具整合　　106

1.1 DeepSeek + WPS / Office：一键提高文档处理效率　　106

1.2 DeepSeek + Kimi：一键生成 PPT　　119

1.3 DeepSeek + Xmind：一键生成思维导图　　129

1.4 DeepSeek + 飞书多维表格：批量处理复杂工作　　133

第 2 节　设计与内容创作工具整合　　149

2.1 DeepSeek + 即梦 AI：一键生成海报、Logo 等视觉素材　　149

2.2 DeepSeek + 剪映 / 可灵：批量生成短视频脚本或口播视频　　171

第 5 章
智能体自动化解决方案

第 1 节　智能体的概念及解决方案　　188

1.1 智能体的发展历程　　188

1.2 智能体和提示词相比有什么优势　　188

1.3 国内常见的智能体平台简析　　192

1.4 智能体在职场的五类使用场景　　193

第 2 节 搭建智能体之前的准备工作　　195

2.1 智能体搭建的三个等级　　195

2.2 不懂编程能够搭建智能体吗　　200

2.3 搭建智能体之前要做哪些准备工作　　200

第 3 节 DeepSeek+ 智能体的实操应用场景　　203

3.1 扣子搭建智能体流程　　204

3.2 案例演示 1：如何制作数字人分身智能体　　205

3.3 案例演示 2：如何制作企业内训的智能体　　214

3.4 案例演示 3：如何制作每日行业资讯智能体　　226

3.5 案例演示 4：如何制作产品推荐的智能体　　234

附　录　　244
后　记　　251

第 1 章 DeepSeek 是什么

第 1 节 DeepSeek 的基本功能介绍

1.1 DeepSeek 的前世今生

DeepSeek 企业介绍

DeepSeek 公司全称是：杭州深度求索人工智能基础技术研究有限公司，成立于 2023 年 7 月 17 日，大家习惯称为"深度求索"或"DeepSeek"。公司总部位于杭州，并在北京、深圳等地设有研发中心，团队由来自全球顶尖高校和科技企业的 AI 专家组成。

DeepSeek 是一家专注实现 AGI（通用人工智能）的中国科技公司，通过前沿的 AI 大模型技术，为企业和个人提供高效、可靠的智能解决方案。

DeepSeek 的核心技术，是大语言模型研发与应用，DeepSeek 自主研发的 DeepSeek-R1 系列模型在行业评测中表现优异。DeepSeek 不同于传统 AI 只能完成固定指令，DeepSeek 的模型具备接近于人类的理解力和创造力：既能精准回答专业问题，也能根据需求生成文案、分析数据、辅助决策。DeepSeek 开发的模型，已经实现和医疗、金融和法律等垂直领域的深度适配。

1.2 DeepSeek 如何下载和注册

官方网页版如何使用

在浏览器中输入 www.deepseek.com 即可使用。

手机 APP 下载和注册

打开手机应用市场，在输入框搜索"DeepSeek"，安装即可。可通过手机号注册、登录或用微信号登录。

第 2 节 DeepSeek 带来的职场革命

2.1 重复性工作岗位快速消失

随着 AI 能力的发展，尤其是 DeepSeek 的出现，加速了职场的变化。到 2030 年，将有 9200 万个岗位被替代——2025 年 1 月 8 日，世界经济论坛在瑞士日内瓦发布的《2025 年未来就业报告》这样总结。减少最快的工作，就是那些重复性非常高的工作。

如果以上只是大数字，大家还没有什么感觉的话，那么以下的新闻，大家就会非常有感触了。

2025 年春节期间，浙江省杭州文化广播电视集团的《杭州新闻联播》节目，使用 AI 数字人进行新闻播报，且做到了零失误率，引发社会广泛关注。

根据新闻报道，2025 年 2 月，深圳市某区一次性上岗 70 名基于 DeepSeek 开发的"AI 数智员工"，公文审核时间缩短 90%，执法文书初稿秒级生成。江苏某市宣布完成 DeepSeek 的本地化部署并上线运行，"单日数据处理量相当于过去 10 年工作量总和"。据不完全统计，今年以来，已有超过 12 个省区市政府部门宣布开展 DeepSeek 大模型的相关应用。

除此之外，客服、记者、编辑和程序员都受到了 AI 非常大的冲击,大量的职场人员因为 AI 的出现失业,这也难怪大家当下对于 AI 非常紧张。

2.2 大量新岗位诞生

但我们同时也应该看到,AI 除了带来大量的工作消亡外,也增加了很多新的工作岗位。例如,在技术开发这一块的 AI 训练师、机器学习工程师等。在数据这一块,需要大量的数据标注员、AI 内容审核员、AI 辅助创作师等。

根据世界经济论坛在瑞士日内瓦发布的《2025 年未来就业报告》,2030 年前增长最快的十大技能里面,排名第一的就是人工智能和大数据。

总体而言,AI 的出现,尤其是 DeepSeek 的出现,加速了重复性岗位的消亡。对于职场人而言,和 AI 对抗是不可行的。最好的方式,就是拥抱 AI,用好 AI,掌握 AI,利用 AI 强化自身的效率和能力。

第 2 章
DeepSeek 提示词实战

本章会为大家讲述提示词的概念及解析，提示词的演变路径，提高提示词使用质量的不同维度，以及直接能"拿来主义"用到的提示词模板及框架。

第 1 节 提示词概念及解析

本章将讲解提示词（Prompt）的概念，以及好的提示词的标准。同时，本章节还将帮大家拆解职场人最常踩的坑：为什么"用户画像随便写"让 AI 交回一堆废话？为什么明明说"精简点"，生成的报告反而更冗长？

1.1 提示词的概念及框架

提示词（Prompt）在计算机编程和人工智能的世界里，非常重要。你可以把它想象成给电脑程序或者智能算法的一组提示，告诉它们要做什么事情，或者要给出什么样的答案。提示词可以是一个问题，比如"天空为什么是蓝色的？"。也可以是一个要求，像"给我讲个笑话"。还可以是一句话，比如"描述一下美丽的春天"。提示词写得好不好，会直接影响人工智能的回答得对不对、好不好。

以上的解释，是比较"正经"的解释，但当 DeepSeek 出现后，一切都变得不一样了。

提示词：

```
Plain Text
跟你对话，需要用提示词；提示词是什么？我是个小学生，
```

> 帮我讲解一下吧

我们通过提问+角色代入，就能让 DeepSeek 给我们讲解清晰，什么叫作提示词，提示词就是 AI 的一个"指令"或者"问题"，需要你告诉它具体任务。

DeepSeek 让我们与 AI 对话更加简单，提示词让对话质量有显著的提升，适合不同使用者快速上手，特别是没有使用过人工智能基础的小白用户们。

而 DeepSeek 的深度思考模式基于 DeepSeek R1 模型，是一种推理模型。相比较于传统的生成模型，使用 DeepSeek R1 模型时的提示词技巧有较大的变化。

1.2 DeepSeek 常见的 5 种提示词技巧

我给大家总结了更适合进阶学习的 DeepSeek 提示词的 5 个提问技巧，大家可以更加容易理解和掌握。

DeepSeek 提示词技巧 1：真诚 + 直接

提示词：

> Plain Text
> 我要给爸妈做一个从上海到日本东京的旅游攻略，希望他们能在东京及周边开心地玩 10 天，但我担心他们玩得太累。
> 帮我出一份攻略吧

简单的通用公式，就是：

任务（做什么）+ 背景（给谁用）+ 目标（期待效果）+ 限制（担

心的问题）

DeepSeek 提示词技巧 2：说人话

我们用"量子力学"举例子，就更加简单了。这次我们不用将身份代入"小学生"，我们只比较"是否说人话"。

提示词：

```
Plain Text
帮我解释一下量子力学，说人话
```

DeepSeek 提示词技巧 3：善于模仿

DeepSeek 本身在提示词的角度，也十分聪明，可以直接模仿一些语言内容，比如：

提示词：

```
Plain Text
请模仿王朔的写作风格，点评一下《复仇者联盟》这部电影
```

DeepSeek 提示词技巧 4：言辞犀利

这个角度就更有趣了，在 DeepSeek 的提示词技巧里，"言辞犀利"不是让人去骂街，而是更类似于一种"绵里藏针"。比如：

提示词：

```
Plain Text
有人说 DeepSeek 完全抄袭了 chatgpt，请你言辞犀利地怼回去，可以骂人
```

DeepSeek 提示词技巧 5：激发反向深度思考

反向思考，更多的是让 DeepSeek 帮我们检验方案本身的可行性，

以及给到我们更多思路的拓展。特别是在"方案的可执行性"的这个角度，更加落地，减少我们的试错成本。

当 DeepSeek 出了任何建议之后，我们可以用以下的提示词，激发他的深度思考：

> Plain Text
> 以上方案，给我列出 10 个不合理的因素，并说明原因

我们就会看到，DeepSeek 给我们提了很多我们之前没有考虑到的点。

1.3 职场人使用提示词常见的 5 大错误

我们了解了提示词的基本概念后，接下来，我们来讲述一下，职场人在使用提示词的过程中，常见的五大错误有哪些。

一、不明确。比如你让 DeepSeek "写好看的故事"，他就会自由发挥。但如果你明确要求写 800 字悬疑小说，主角是快递员，且结局反转，效果就好很多。

表 2-1-1 不明确

不好的提示词	好的提示词
写好看的故事	写 800 字悬疑小说，主角是快递员，且结局反转

二、限制过度。像用 7 个字解释量子力学很难做到，换成用小学生能懂的语言 200 字以内说明，效果更佳；

表 2-1-2 限制过度

不好的提示词	好的提示词
7 个字解释量子力学	用小学生能懂的语言介绍量子力学，200 字以内说明

　　三、角色混乱。你要做的事情和角色要对应。比如让乞丐写情书，跟让中文系教授用《诗经》的风格写情书，效果肯定差异会非常大。跟我们现实生活中一样，你肯定找一个医生给你看病，不会随便找个路边的人给你看病。

表 2-1-3 角色混乱

不好的提示词	好的提示词
以乞丐的身份写一份情书	以中文系教授用《诗经》的风格写一封情书

　　四、场景不明确。比如给月入 8000 的北漂程序员推荐三个低风险理财方案，比单纯推荐理财产品更清晰，DeepSeek 出来的内容也会更加有针对性。

表 2-1-4 场景不明确

不好的提示词	好的提示词
推荐理财产品	给月入 8000 的北漂程序员推荐三个低风险理财方案

　　五、忽略反馈。跟 DeepSeek 交流要不断让它延展，明确指出交流要不断让它延展，明确指出给的答复里面，哪里需要继续调整。

表 2-1-5 忽略反馈

不好的提示词	好的提示词
请重新调整方案	请将上面第二段第一点的内容进行调整，增加数据分析。

写提示词，你只要不犯这五个错误，你就超过 90% 以上的人。慢慢你会发现，DeepSeek 越来越懂你，写的东西越来越符合你的需求。

第 2 节 三代提示词的演变路径

接下来，我们来聊一聊提示词不断迭代的三个阶段。在 1.0 时期，属于关键词指令阶段，类似搜索引擎的碎片化输入。2.0 时期，属于结构化模板阶段，大家习惯于固定框架的填充。3.0 时期，我们更擅长直接动态引导，也就是思维链激发 & 知识蒸馏的新型交互方法。接下来，我们就来展开说明。

2.1 菜鸟新人的"查字典式"提问

我们来场景还原一下：刚入职的小白，接到领导任务："整理下最近的行业趋势"，然后就直接敲键盘问 DeepSeek："行业趋势报告怎么写？"

结果呢，DeepSeek 扔给你一堆模板，从模板结构到数据案例都要自己筛选，还不如百度来得快。

提示词：

```Plain Text
行业趋势报告怎么写?
```

> 已深度思考（用时13秒）∨
>
> 以下是撰写行业趋势报告的标准化框架与实用技巧，结合数据挖掘和战略分析工具，提供可直接落地的方案：
>
> **行业趋势报告标准化模版（以新能源行业为例）**
>
> **1. 摘要快照（CEO视角）**
> - **行业热力图**：用气泡图展示各细分领域增长率（X轴）、利润率（Y轴）、政策热度（气泡大小）
> - **关键信号灯**：
>   - ✅ 动力电池能量密度年增速18%（SNE Research）
>   - ⚠ 锂资源对外依存度突破75%（海关总署2023）
>   - ♻ 光伏组件回收市场规模2025年将达480亿（CPIA）
>
> **2. 行业解构四维模型**
> ① **技术演进雷达图**
> - 纵轴：技术成熟度（Gartner曲线定位）
> - 横轴：商业化速度（专利转化率/产学研合作指数）
> - 案例：固态电池技术处于「期望膨胀期」，但量产瓶颈在电解质界面稳定性
>
> ② **政策冲击波分析**
> - 正向驱动：欧盟碳关税倒逼出口企业绿电比例≥40%
> - 负向制约：美国IRA法案本土化采购条款（电池组件北美产值占比≥50%）
>
> ③ 资本流向热力图
>
> ∨

图 2-2-1 行业趋势报告标准化模板

1. 问题在哪儿呢？ 显然是信息过于碎片化。

2. 过高的试错成本：每次提问像抽盲盒，生成 3 次可能有 1 次勉强能用（例如想找"2024 年全球新能源电池产业链的最新政策动态"，试错三次，才能找到想要的答案）。

提示词：

```
Plain Text
我想找"2024 年全球新能源电池产业链的最新政策动态"
```

已深度思考（用时17秒）

以下为2024年全球新能源电池产业链最新政策动态的精准提炼，按国别和产业链环节分类整理，含关键数据、生效时间及企业应对策略：

一、中国：产能优化与循环经济

1. 产能白名单制度（2024年3月生效）
   - 工信部将储能电池产能利用率＜40%的企业纳入「限制扩产名单」，涉及12家二线厂商
   - **数据**：磷酸铁锂电芯产能增速从2023年38%降至19%（高工锂电数据）

2. 电池回收新国标
   - 强制要求动力电池回收率：镍≥98%、钴≥97%、锂≥95%（较欧盟高3–5个百分点）
   - **企业案例**：宁德时代「黑灯工厂」实现拆解自动化，单线处理成本下降42%

二、欧盟：碳壁垒全面升级

1. 电池护照强制实施（2024年7月1日）
   - 要求披露：
     ✓ 生产阶段绿电占比（≥50%）
     ✓ 供应链童工风险矿区清单（刚果钴矿需第三方审计）
   - **合规成本**：每kWh电池增加€1.2–1.8（瑞银测算）

2. 循环材料配额翻倍
   - 再生材料占比新规：钴→22%、锂→8%、镍→12%（2023年为16%/6%/8%）

图 2-2-2 DeepSeek 操作界面

继续输入：

Plain Text

我想找"2024年全球新能源电池产业链的最新政策动态"

已深度思考（用时17秒）

2024年全球新能源电池产业链最新政策动态

以下为全球主要国家和地区在新能源电池产业链上的最新政策动向，按区域及影响环节分类整理，含关键数据及企业应对策略：

一、中国：产能调控与技术创新

1. 产能动态清单制度（2024年4月生效）
   - 工信部发布《锂电池行业规范条件（2024年版）》，将动力电池产能利用率＜50%的企业纳入「限制扩产名单」，已限制8家二线厂商新项目审批。
   - **影响数据**：磷酸铁锂电芯产能增速从2023年40%降至18%（高工锂电）。
   - **企业应对**：亿纬锂能转向储能电池产线改造，产能利用率回升至65%。

2. 钠电池产业化攻坚
   - 财政部对钠离子电池企业给予增值税即征即退优惠（退税率15%），要求能量密度≥130Wh/kg、循环寿命≥3500次。

第 2 章 DeepSeek 提示词实战

- **技术突破**：宁德时代钠电池装车奇瑞QQ冰淇淋，冬季（−20℃）续航保持率91%（铅酸电池仅60%）。

3. 电池护照试点（深圳/上海）
    - 出口电池需披露：
        ✓ 锂回收率≥96%（欧盟标准为95%）
        ✓ 生产绿电占比≥45%（2025年提至60%）
    - **合规成本**：单GWh电池数据追踪成本增加¥800万（SMM测算）。

图 2-2-3 DeepSeek 操作界面

继续输入：

> Plain Text
>
> 我想找"2024年全球新能源电池产业链的最新政策动态"

我想找"2024年全球新能源电池产业链的最新政策动态"

已深度思考（用时19秒）

为了帮助您了解2024年全球新能源电池产业链的最新政策动态，以下整理了主要国家和地区的政策动向，涵盖补贴、环保法规、贸易限制和技术标准等方面。由于部分政策可能仍在制定中，建议持续关注官方渠道更新。

1. 中国
- 补贴与产业支持
    - 延续新能源汽车购置税减免政策至2025年，重点支持高能量密度电池（如固态电池）研发。
    - "以旧换新"政策推动动力电池回收，要求车企建立电池全生命周期管理系统。
- 环保要求
    - 新版《锂离子电池行业规范条件》强化能耗和碳排放限制，限制低端产能扩张。
    - 对电池回收企业实施"白名单"制度，强制要求镍、钴、锂回收率不低于98%。

2. 欧盟
- 碳足迹与供应链法规
    - 《新电池法规》全面生效，要求所有在欧销售电池提供碳足迹声明，2024年起分阶段执行供应链尽职调查（针对钴、锂等冲突矿产）。
    - 拟将动力电池纳入碳边境调节机制（CBAM），对进口电池征收碳差价税。
- 本土产能激励
    - "欧洲电池联盟"新增50亿欧元补贴，支持本土企业开发无钴电池、钠离子电池技术。

图 2-2-4 DeepSeek 操作界面

当然，这个阶段也有适用的场景，也就是更适合我们做一些简单的资料搜集，但需要二次加工。

017

2.2 资深员工的"填空题工作法"

场景还原：假设人力资源主管（比如互联网独角兽企业，年扩张200%）需要适合自己企业的新人培训计划，我们用现成的 CRISP 模板（第四节会讲到这个模板）写一下提示词，看看会生成什么样的内容，以及最终的成型方案。

```
Plain Text
互联网独角兽企业，年扩张 200%，我需要人力方向的新人
培训计划（比如 1 周时间的培训计划，30 名新人），
我需要用 CRISP 提示词模板（Context（背景）、Request（需
求）、Input（输入）、Structure（结构）、Perspective（视角）），
给到我更加可以执行的方案，接地气，说人话，不要用专业
名词，要初中生能看懂的水平
```

提示词：

```
Plain Text
根据以上提示词，给我输出成型的方案
```

所以，结果就显而易见了，很容易就能拿到可直接执行的方案，只需要填充自己企业的数据后，最终整理成文档/表格/PPT 即可。这类提示词的职场价值有：

1.减少沟通成本：把需求拆解成标准模块，像是给 DeepSeek 一份项目任务书（SOP）。

2.降低返工率：可以提前框定格式，避免拿到无法直接复制到 PPT 上的内容。

但也有一定局限，也就是当遇到突发情况（例如活动上线前突然

出现舆情危机），固定模板难以快速应变。

2.3 思维链激发 & 知识蒸馏的新型交互

场景还原：

你是个市场部新人，领导突然扔给你个任务："小张啊，做个新品发布会的预算方案，周五给我。"

典型菜鸟反应：立刻打开 Excel 算场地费、物料费，吭哧吭哧搞出个表，结果被骂：

"直播设备租赁费怎么这么高？摄影师要请几个？后备方案呢？你当公司的钱是大风刮来的？"

高手做法：

第一步:【思维链激发】- 把领导的话拆解成具体问题

问领导和同事"5 个土味问题"：

1. "重点是省钱还是排面？"→ 确认核心目标

2. "有没有不能砍的环节？"→ 识别不可退让项（比如必须用大屏 LED）

3. "如果下暴雨活动改线上，哪些钱能退？"→ 极端情况推演

4. "去年双十一活动摄影师请了 3 个人，这次要增加吗？"→ 历史数据验证

5. "市场部王总说这月开始报销要附三家比价截图，预算表加这列不？"→ 流程合规性

效果：像挤牙膏一样挤掉领导话里的"隐藏信息"，让模糊指令现出原形。

第二步：【知识蒸馏】- 把专家经验压成傻瓜指南

直接"抄作业"：

1. 拉个三年以上同事问："往年谁做的预算表最靠谱？" → 锁定学习目标

2. 翻出去年的优秀方案，把复杂表格翻译成"人类能懂的大白话"：

原话："动态 ROI 评估模型" → 人话："每个环节花多少钱能带来多少客户留资"

原表：列着 30 多个费用科目 → 简化：归为场地 / 人员 / 宣传 / 应急四大块

3. 在微信里搜"预算"看历史聊天记录 → 抓住领导最常挑刺的点（比如"交通费明细"）

效果：把前任踩的坑变成你的内力，瞬间获得三年功力。

最终成果：连保洁阿姨都能看懂的预算表！

我们用人话再次总结一下

思维链激发 = 疯狂反问，像柯南破案一样挖掘任务背后的潜规则

知识蒸馏 = 抄作业 + 说人话，把前人经验榨干成你能用的精华

这组合拳打下去，职场至少少走三年弯路。说白了就是：逼别人说清楚需求 + 好好讲人话——这两招能解决 80% 的职场扯皮问题。

这套方法的提示词，应该是什么样的呢？我们继续，还用之前的例子，会更加一目了然：

```
Plain Text
【角色】你是有 10 年经验的母婴品牌文案总监
```

【任务】为 XX 品牌春季童装写朋友圈投放文案

【知识蒸馏】

核心卖点：抗污面料技术（专利号：ZL2023XXXX）

用户洞察：职场妈妈下班后才有时间刷手机

禁用词汇：低价促销、限时折扣

【思维链要求】

1 先用一句话戳中"懒得洗衣服"的痛点

2 植入技术优势但不说教

3 结尾引导至小程序而非直接购买

【动态测试】

生成 3 个版本，分别用这些风格：

A. 闺蜜闲聊体

B. 反焦虑治愈风

C. 实验室测评梗

那这套成果最终的方案会是什么样呢？我们来问一下 DeepSeek

可以看出，整体问题的回复，就更加精确且有针对性了。

通过以上内容，相信大家对于提示词有了更加深入的理解。

简单来说，三个阶段分别代表了从"查字典"到"做试卷"再到"下棋对弈"的发展过程。祝愿大家都早日抓达高手阶段。

第 3 节 常见的提示词框架及模板

前两节，我们讲解了提示词的概念、演变路径，以及提高提示词质量的 4 个维度，在本节，我们将会进一步给大家讲解如何"省力"地使用提示词。

3.1 适合日常使用的三段论提示词框架

结合我自己使用 AI 的经验，我总结了一个更加简单的三段式提示词模板。

表 2-3-1 三段论提示词框架

模型	指标说明	提示词
我是谁	背景分析，方便 AI 了解你。我自己的背景有哪些？我想让 AI 从什么角色来进行分析？	我们是双职工家庭，家里有一个老人和一个 5 岁小孩
我要干什么	我的目标是啥？写文案？做图片？写诗？写减肥计划？	制订一份家庭健身计划
我有什么要求	你要做的这件事情，具体有哪些要求，可以详细告诉 AI	工作日仅有早晨 30 分钟和晚间 1 小时空闲，需兼顾 5 岁儿童体能训练与 60 岁老人关节养护

以下是完整的提示词，直接输入 DeepSeek 可用：

> Shell
> 我们是双职工家庭，家里有一个老人和一个 5 岁小孩
> 制订一份家庭健身计划
> 工作日仅有早晨 30 分钟和晚间 1 小时空闲，需兼顾 5 岁儿童体能训练与 60 岁老人关节养护

以大家最常见的写文案为例。

我是谁：我是一家减肥店老板，我们有一批减肥药要在春节期间降价促销。

我要干什么：我想你帮我写一篇短视频文案

我有什么要求：语言风格要比较幽默，比较抓人眼球，字数不要超过 200 字，要符合短视频平台的风格。

以下是完整的提示词，直接输入 DeepSeek 可用：

> Shell
> 我是一家减肥店老板，我们有一批减肥药要在春节期间降价促销。
> 我想你帮我写一篇短视频文案
> 语言风格要比较幽默，比较抓人眼球，字数不要超过 200 字，要符合短视频平台的风格。

任何你想干的事情，都可以用这种三段式的提示词方案，DeepSeek 都可以帮到你。

3.2 适合简单行动的 TAG 提示词框架

TAG 提示词框架是什么？简单来说——它像给 DeepSeek 装 GPS

导航：你先输入 3 个关键路标，DeepSeek 就会自动带你去目的地。

三个目标分别是 TASK（任务），ACTION（行动），GOAL（目标）。

1.TASK（任务）＝领导到底让我干啥？

给 DeepSeek 到明确我们的任务目标，越具体越好

2.ACTION（行动）＝怎么干能不被怼？

拆分行动指令，针对每个指令设置对应执行方向

3.GOAL（目标）＝领导没说出口的小心思

直接具体到目标，也可以是多个目标，这样更容易让 DeepSeek 理解我们到底要什么

比如，我是一名公司的行政，领导需要让大家在工作之余，也要加强身体锻炼，最好能针对不同的年龄阶段，设置不同的目标要求：

表 2-3-2 TAG 提示词框架

模型	指标说明	提示词
T	TASK 任务	创建公司从 40 岁区间、30 岁区间、20 岁区间三个不同年龄阶段的办公室运动计划
A	ACTION 行动	筛选适合各年龄段的无器械动作 制订每周运动主题（如平衡周/柔韧周） 设计运动数据追踪表
G	GOAL 目标	三个月内实现： 20 岁区间跳绳每分钟增加 20 次 30 岁区间支撑时长突破 2 分钟 40 岁区间坐体前屈进步 5cm

以下是完整的提示词，直接输入 DeepSeek 可用：

Shell

TASK 任务

> 创建公司从 40 岁区间、30 岁区间、20 岁区间三个不同年龄阶段的办公室运动计划
>
> ACTION 行动
>
> 筛选适合各年龄段的无器械动作
>
> 制订每周运动主题（如平衡周 / 柔韧周）
>
> 设计运动数据追踪表
>
> GOAL 目标
>
> 三个月内实现：
>
> 20 岁区间跳绳每分钟增加 20 次
>
> 30 岁区间支撑时长突破 2 分钟
>
> 40 岁区间坐姿体前屈进步 5cm

3.3 适合商业决策使用的 CRISP 提示词框架

想象你要让 DeepSeek 帮你写工作方案，结果它交了一篇小学生作文。用 CRISP 就像给 DeepSeek 戴五层滤镜，让它只能输出你想要的内容：

职场 CRISP 五步拆解卡

1.C 背景卡（画场景）

不是直接下命令，而是像和新员工交接工作一样描述："我们现在要处理第三季度的差旅报销，市场部有 50 人还没交单据。"

2.R 需求卡（抓重点）

说人话："把超期的报销单按金额从高到低排序"，而不是"构建

动态排序算法优化流程"。

3.I 资料卡（给素材）

给 AI 你的数据表和注意事项。

4.S 结构卡（搭架子）

先说框架："先列项目进度，再放风险红黄绿灯，最后要资源支持"

5.P 视角卡（定角度）

如同叮嘱同事："这次汇报重点展现成本节省，技术细节不用展开。"

举例：

社区超市对抗美团优选（线上平台9.9元套装抢走客源）

Context（背景）："大妈们只买特价品，正常品滞销"

Request（需求）："用线下优势绑定高频购买"

Input（输入）：菜鸟驿站代收点合作条款；鸡蛋成本价测算

Structure（结构）：

a. 鸡蛋按成本价卖（每人限购5枚）

b. 告示："扫码加群享专属价"（实际是普通促销群）

c. 取蛋需到粮油区最深处货架

Perspective（视角）：粮油区捆绑陈列高毛利调味品

3.4 适合复杂问题拆解的 AGENT 提示词框架

AGENT 是什么？是把烧脑问题变"排列组合游戏"

试着想象你要组装乐高：

普通人直接抓起零件乱拼 → 浪费 3 小时还少个轮子

聪明人先看说明书分袋装 → 10 分钟拼完还能当展品

AGENT 框架就是你的问题拆解说明书：

A（Analysis Start）问题锚定

→ 操作：给混乱问题装 GPS 定位

→ 举例："本月利润少了 20 万" → "精准定位到 KA 客户流失"

G（Guided Reasoning）引导推演

→ 操作：像侦探用荧光笔标线索

→ 举例："客户为什么跑路？→竞品促销？服务差？付款慢？"

E（Evidence Integration）知识整合

→ 操作：把零散证据贴成破案墙

→ 举例："调取客户投诉记录 + 财务回款周期 + 销售拜访数据"

N（Narrative Structuring）叙事构建

→ 操作：把碎片编成逻辑"故事会"

→ 举例："故事主线：采购拖单→交货延迟→客户生气转单"

T（Task Closure）闭环校验

→ 操作：给每步结论装报警器

→ 举例："如解决采购问题后 2 周成交率未提升，自动触发方案 B"

流程拆解：

Analysis Start（问题锚定）→ Guided Reasoning（引导推演）→ Evidence Integration（知识整合）→ Narrative Structuring（叙事构建）→ Task Closure（闭环校验）

举例：

新员工批量离职危机（校招生入职3个月内流失率达60%）

[A] 问题锚定：离职面谈关键词"工作内容与招聘承诺不符"

[G] 引导推演：

a. 岗位描述虚假包装？

b. 导师带教机制缺失？

c. 工作强度超出预期？

[E] 知识整合：

原始JD与现有工作比对表＋新人日工时记录＋导师沟通日志

[N] 叙事构建：

"招聘写『参与战略项目』实为数据录入 → 导师忙于自身KPI无暇指导 → 新人日均加班3小时崩溃"

[T] 闭环校验：

每月随机抽查10%新人真实工作内容，连续3月离职率未降则扣HR绩效

期待大家能够养成"遇事不决问 DeepSeek"的习惯，不仅能提效我们的工作，更是在方法和框架的加持上，让我们应对工作的困难与调整，有了更多的解题思路与执行办法。

第 3 章

关键岗位场景突破

本章精选7大核心岗位的多个实用场景，只要能够学以致用，你的电脑即将加载思维加速器，准备好见证职场效能的核爆式增长了吗？

第 1 节 垂直岗位

1.1 行政岗

这个部分主要给大家介绍会议纪要整理、会议通知撰写和差旅方案制订的三种具体业务场景。

整理会议纪要

在我们日常的工作会议中，很多时候都会进行录音，那么如何把录音高效整理成会议纪要呢？

第一步：把录音上传到腾讯会议。

图 3-1-1 上传录音

第二步：下载 word 格式的会议文本内容。

图 3-1-2 下载会议文本

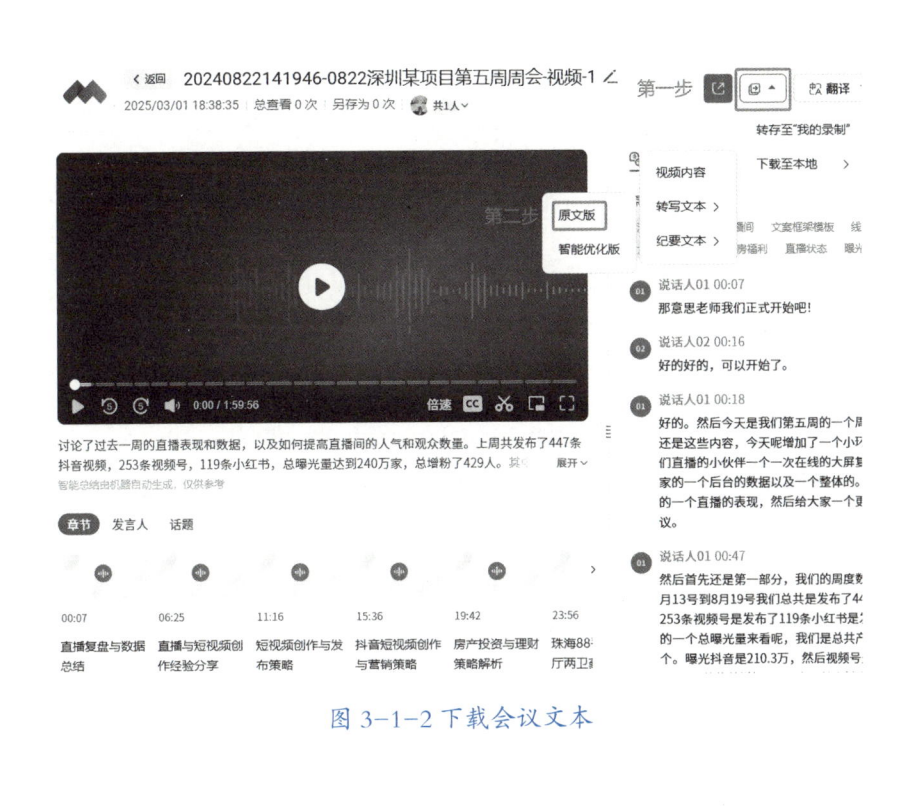

图 3-1-3 保存为 Word 格式

第三步：打开目前已接入 DeepSeek R1 满血版的腾讯元宝，导入会议内容。

图 3-1-4 导入会议内容

第四步：切换思考模型为 DeepSeek，输入下面的提示词，获取会议纪要。

> Plain Text
> 背景描述：
> 这是一份关于深圳某项目第五周周会的会议内容，帮我整理成会议纪要。确保内容适合职场汇报逻辑。

图 3-1-5 整理会议纪要

> DeepSeek 会根据你的会议内容生成一份结构化会议纪要。

- 播放量前三：钟巧乐、郭顺军、陈家园
- 线索量前三：李威、刘巧丽、谭月属

二、优秀案例表彰

1. 钟巧乐（抖音）

- **作品亮点**：话题"继承425万财产+躺平文化"引发共鸣，自然流播放量50万+，平均观看时长21秒。
- **可借鉴点**：
  - 选题强故事性，结合社会热点；
  - 口播自然流畅，数据支撑案例真实性；
  - 评论区高频互动，引导用户讨论。

2. 李威（小红书）

- **作品亮点**：封面设计吸引点击，笔记标题弱化营销感，线索转化8组。
- **可借鉴点**：
  - 封面视觉优化（使用"搞定设计"工具）；
  - 口语化表达贴合平台用户特征；
  - 评论区引导私信留资。

三、现存问题与改进方向

1. 短视频优化

- **问题**：
  - 大字报内容占比高，质量参差；
  - 部分作品查重限流，缺乏情绪表达；
  - 账号辨识度不足。
- **改进措施**：
  - 增加实景拍摄（项目空镜、周边配套）；
  - 结合口播与大字报形式，提升选题垂直度；
  - 鼓励原创选题（参考对标账号、本地政策/热点）。

2. 直播优化

- **问题**：
  - 直播互动率低，停留时长不足；

- 引流动作缺失，福利引导不明确。
- **改进措施**：
    - 开播前发布预告视频（大字报/口播形式）；
    - 优化循环话术（3-5分钟介绍主题、福利）；
    - 设置留资钩子（如"资料包+专属优惠"）。

图 3-1-6 整理会议纪要

四、后续工作计划

1. 短视频方向

- **核心任务**：
    - 增加项目垂直内容（占比≥3条/周）；
    - 原创选题挖掘（本地化、房产相关）。
- **作业安排**：

深圳某项目第五周周会纪要
时间：2023年8月（具体日期未注明）
参会人员：项目团队、导师组、直播运营相关人员

一、周度数据总结

1. 平台发布与流量表现

平台	发布量（条）	总曝光量（万）	增粉量（人）	线索量（组）
抖音	447	210.3	292	5（蓝V号）
视频号	253	26	94	-
小红书	75	3.8	43	19（学员）

- **总线索量**：133组（累计至第五周），抖音总播放量800万+，视频号近400万，小红书69.7万。
- **流量趋势**：抖音流量翻倍，视频号小幅下滑，小红书持平；小红书发布量增加，学员重视度提升。

2. 学员表现排名

- **发布量前三**：苏医生、杨英杰、吴晓红
- **增粉量前三**：钟巧乐（141）、郭顺军（101）、陈永刚（27）

- 调整直播场景（避免白墙背景，增加房产元素）；
- 主播状态提升（站播+情绪化表达）；
- 福利话术强化（明确优惠利益点）。

下一步行动：
- 学员按模板提交视频及直播复盘；
- 导师组下周开展账号1v1诊断。

会议记录人：[待补充]
抄送：项目团队、运营组、导师组

图 3-1-7 整理会议纪要

撰写会议通知

输入下面的提示词，获取会议通知模板。

> Plain Text
>
> 背景描述：
>
> 我需要撰写一份会议通知，主题是关于2025年第一季度工作汇报，参会人员是总裁和营销部门，会议内容是汇报2025年第一季度的工作成果，申请二季度营销预算。确保内容适合公司内部通知逻辑。
>
> 内容描述：
>
> 会议通知需要包含时间/地点/主题/参会人员/会议流程六部分。

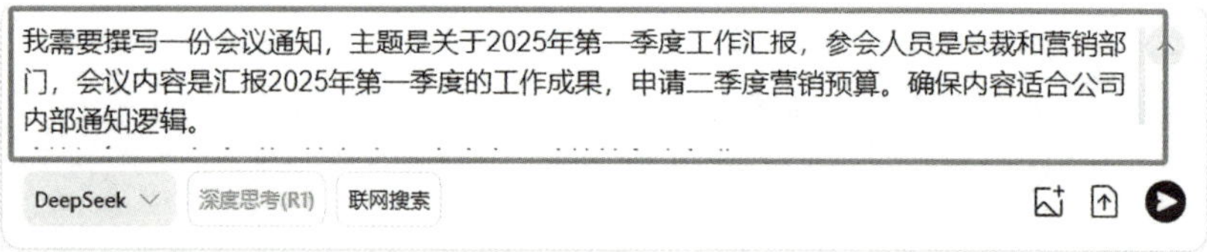

DeepSeek 极速办公

> 我需要撰写一份会议通知，主题是关于2025年第一季度工作汇报，参会人员是总裁和营销部门，会议内容是汇报2025年第一季度的工作成果，申请二季度营销预算。确保内容适合公司内部通知逻辑。
>
> DeepSeek　深度思考(R1)　联网搜索

图 3-1-8 输入提示词

DeepSeek 会根据你的需求生成一份会议通知模板

关于召开2025年第一季度营销工作汇报暨二季度预算审议会议的通知

发文部门：营销部
通知日期：2024年XX月XX日

一、会议时间
2025年3月XX日（周X）　上午XX:00-XX:30

二、会议地点
XX大厦XX楼第一会议室（如变更将另行通知）

三、会议主题
1. 2025年第一季度营销工作成果汇报
2. 2025年第二季度营销预算申请审议

四、参会人员
1. 总裁及总裁办相关领导
2. 营销部门全体成员（含各区域负责人）
3. 财务部预算管理专员（列席）

五、会议流程

时间	环节	内容概要	负责人
XX:00-XX:05	开场	总裁致辞及会议目标说明	总裁
XX:05-XX:20	第一季度成果汇报	- KPI达成情况 - 重点项目复盘	营销总监
XX:20-XX:35	预算草案陈述	- 二季度预算结构 - 核心投入方向	市场策划主管
XX:35-XX:45	质询与讨论	针对预算合理性及资源分配的讨论	全体参会人员
XX:45-XX:55	总裁决策指示	预算审批意见及工作要求部署	总裁
XX:55-XX:00	会议总结	下一步行动计划及分工确认	营销部秘书

图 3-1-9 生成会议通知（1）

六、注意事项

1. **材料提交**：营销部需于3月XX日前将汇报PPT及预算表终版抄送总裁办。
2. **请假报备**：确需缺席者须经部门总监签字后提交OA流程审批。
3. **会议纪律**：请提前10分钟到场完成签到，会议期间手机静音。

联系人：张秘书（分机：XXX-XXXX）

请全体参会人员务必做好充分准备，确保会议高效推进。

营销部
2024年XX月XX日

逻辑适配说明：

1. **层级清晰**：按公司内部通知标准模板设计，包含核心六要素并突出决策类会议特性。
2. **权责明确**：标注各环节负责人，强化议程执行力；财务部列席体现预算审议合规性。
3. **行动导向**：时间安排精确到分钟，注意事项包含前置任务（材料提交）、纪律要求及异常处理流程。
4. **高层聚焦**：将总裁环节置于首尾关键位置，符合高层会议汇报-决策的闭环逻辑。

图 3-1-10 生成会议通知（2）

制订差旅方案

输入下面的提示词，获取差旅方案

```
Plain Text

背景描述：

我需要制订一份关于企业员工日常出差的方案，对象是营销部员工，核心目标是合理安排员工差旅行程，让老板批准我的差旅预算。确认内容适合职场汇报逻辑。


内容描述：

方案需包含背景 / 目标 / 实施方案 / 效果评估 / 总结五部分。
```

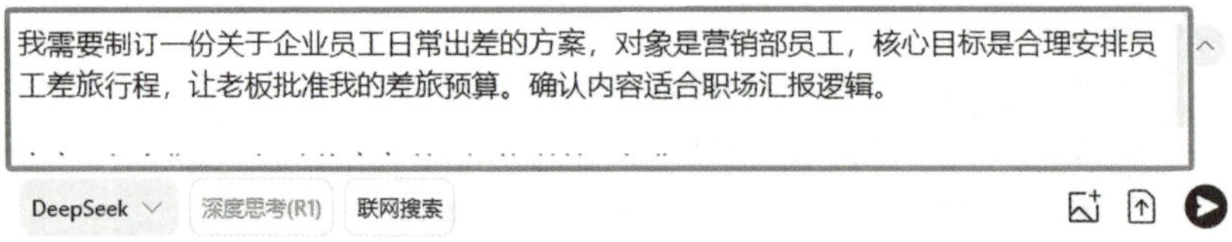
我需要制订一份关于企业员工日常出差的方案，对象是营销部员工，核心目标是合理安排员工差旅行程，让老板批准我的差旅预算。确认内容适合职场汇报逻辑。
DeepSeek
深度思考(R1)
联网搜索

图 3-1-11 输入提示词

DeepSeek 会根据你的需求生成一份差旅方案。

营销部员工日常差旅管理方案
（结构化汇报版）

一、背景说明

1. **业务需求**：公司市场拓展加速，营销部每月出差频次提升35%，现有差旅制度缺乏统一标准，导致资源浪费及效率问题。
2. **现存问题**：
   - 行程分散审批，超支率高达20%；
   - 员工抱怨住宿/交通标准不透明，满意度低于60%；
   - 财务核算复杂，合规风险增加。

二、核心目标

1. **降本增效**：2024年差旅预算压缩15%，审批时效提升50%。
2. **标准化管理**：建立全流程规范，覆盖申请-预订-报销环节。
3. **员工体验**：满意度提升至85%，减少因差旅问题导致的离职率。

三、实施方案

1. 流程标准化

- **分级审批**：根据差旅时长/城市等级设定审批权限（例：3天内大区经理批，超3天需总监批）。
- **统一预订**：指定合作平台（如携程商旅），强制使用协议价酒店/航班，禁止个人垫付。

2. 资源整合

- **供应商谈判**：与3家连锁酒店（如华住、亚朵）签订年度协议，协议价较市场低10%-15%；
- **交通优化**：高铁优先于飞机（4小时内车程），固定合作租车公司。

3. **数字化工具**
- 引入"钉钉差旅"系统,实现预算实时预警、自动对账,减少财务人工核算量30%。

4. **员工支持**
- **差旅包干补贴**:按城市等级发放日津贴(一线城市200元/天,二三线150元/天),超支自负;
- **弹性安排**:连续出差超5天可申请1天远程办公,避免过度疲劳。

图 3-1-12 生成差旅方案(1)

四、效果评估

- **成本维度**:季度差旅报表同比分析,目标单次差旅成本下降15%-18%;
- **效率维度**:OA系统数据监控,审批时长从3天缩短至1.5天;
- **满意度**:匿名问卷调研,重点反馈住宿标准透明化、补贴合理性。

五、总结与申请

本方案通过"制度约束+资源整合+技术赋能"三管齐下,预计年节省差旅成本约**120万元**(按当前频次测算)。**需领导支持事项**:

1. 批准与供应商合作协议及系统采购预算(约25万元);
2. 授权营销部牵头成立差旅管理小组,协同财务/HR落地执行。

方案妥否,请批示。

逻辑亮点:
- **数据驱动**:用超支率、满意度等量化问题,增强说服力;
- **风险预控**:通过系统强制合规,降低财务漏洞;
- **双赢设计**:包干补贴既控成本又赋予员工自主权,减少抵触情绪。

图 3-1-13 生成差旅方案(2)

1.2 人力岗

这个部分主要给大家介绍简历智能筛选、培训需求分析、离职预警的三种具体业务场景。

智能筛选简历

上传简历附件，输入下面的提示词，获取简历智能筛选报告。

> Plain Text
>
> 背景描述：
>
> 这是一些关于应聘新媒体运营助理的简历，目标观众是运营经理，核心目标是筛选出其中最优秀的个人简历，让运营经理进行面试。确保内容适合职场汇报逻辑。
>
> 内容描述：
>
> 以 excel 形式输出结果，筛选维度需包含从业经验/期望薪资/教育背景/工作经验/个人技能/自我评价六部分。

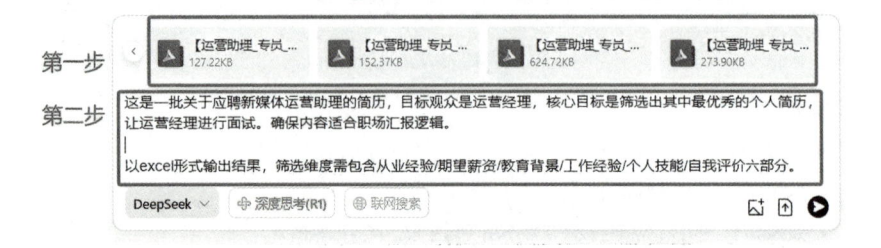

第一步

第二步

图 3-1-14 智能筛选简历

DeepSeek 会根据你的需求智能筛选简历并形成反馈表格。

第 3 章 关键岗位场景突破

以下是筛选出的优秀简历汇总表，按新媒体运营助理岗位需求进行多维度评估，供运营经理快速筛选面试候选人：

姓名	从业经验	期望薪资	教育背景	核心工作经验（相关部分）
田得雨	4年	8-12K	衢州学院专科	抖音/小红书矩阵运营，单月GMV最高
李灿辉	4年	8-12K	华南理工大学本科（在读）	家居/卫浴类目直播运营，单场GMV 20
赵功学	6年	7-12K	汕头大学专科	45万+社群用户运营，直播活动策划，
林可莹	1年+	8-12K	广东培正学院本科	私域用户运营+直播中控，实现月均15
卢怀玉	4年	9-10K	广州东华职业学院专科	医美/美妆IP孵化，单条视频百万点赞，
邓金权	4年	7-9K	广东工商职大本科	知识付费私域转化，搭建5000+用户池
蔡嘉彤	4年	7-9K	广东南方职业学院本科	美妆私域0-1搭建，月GMV 10万+，会
张涛	5年	7-9K	华南理工大学专科	茶行业社群运营，实现6万+月活，电
叶穗芳	2年	6-8K	广东培正学院本科	广告社群运营（周收入10万+），1v1月
梁玉明	3年	6-7K	江西科技学院本科	中医IP矩阵运营，月涨粉1500+，私域

筛选逻辑说明：

1. **经验匹配度**：优先选择有2年以上直接相关经验者（如田得雨、赵功学）
2. **薪资性价比**：突出中位区间（7-10K）且具备完整项目闭环经验的候选人
3. **技能完备性**：重点标注同时具备内容生产、数据分析和工具应用能力的复合型人才
4. **成长潜力**：对林可莹等新生代运营人员，关注其数据思维和快速学习能力
5. **特殊优势**：标注赵功学（社群规模）、田得雨（矩阵运营）、邓金权（知识付费）等细分领域专家

建议优先面试TOP3候选人：

1. **田得雨**：综合能力最强，具备从内容生产到商业变现的全链路经验
2. **赵功学**：社群运营专家，适合用户增长导向型岗位
3. **李灿辉**：直播运营专家，适合电商直播相关业务线

注：完整版Excel含21人完整数据，此表为精简推荐版。如需深度评估某候选人，可提供其项目细节数据及竞品对标分析。

图 3-1-15 智能筛选简历

041

分析培训需求

输入下面的提示词，获取培训需求分析。

> Plain Text
>
> 背景描述：
>
> 我需要你进行关于岗位职责培训需求的分析，分析岗位是新媒体运营，核心目标是设计出新入职员工的培训方案，让新员工快速上手工作。确保内容适合新员工阅读理解。
>
> 内容描述：
>
> 培训需求需包含岗位职责要求/员工能力评估/组织战略目标/绩效考核/业务培训/实施可行性六部分。

DeepSeek 会根据你的需求制订培训需求分析报告。

一、岗位职责要求

1. 核心职责

- **内容生产**：原创图文/短视频制作、热点追踪、文案撰写
- **平台运营**：多平台（微信、抖音、小红书等）账号维护及内容分发
- **数据分析**：监测阅读量、互动率、转化率等指标并优化策略
- **用户互动**：评论回复、粉丝社群管理、私域流量运营
- **活动策划**：线上拉新、裂变活动执行与效果复盘
- **竞品分析**：定期跟踪行业标杆账号，提炼可借鉴策略

二、员工能力评估

1. 能力基线

- **硬技能**：基础文案写作能力、短视频剪辑工具（如剪映/PR）使用、Excel/数据平台操作
- **软技能**：网感（热点敏感度）、用户需求洞察力、跨部门协作能力

2. 评估方式

- **入职测试**：模拟撰写一篇公众号推文或策划一场抖音直播脚本
- **案例分析**：解读某爆款内容的成功逻辑，考察逻辑分析与表达能力

三、组织战略目标对齐

1. **短期目标**（0-3个月）
   - 快速掌握公司账号调性，独立完成基础内容生产与发布
   - 熟悉私域用户分层运营规则，提升粉丝活跃度
2. **长期目标**（6-12个月）
   - 能主导小型营销活动，达成涨粉/转化率提升等核心指标
   - 输出竞品优化建议，推动账号差异化运营

四、绩效考核标准

考核维度	指标示例	权重
内容质量	原创内容阅读量≥行业平均120%	30%
粉丝增长	月度账号粉丝增长率≥5%	25%
转化效率	活动参与率/商品点击率	20%
响应速度	用户评论24小时内回复率100%	15%

图 3-1-16 分析培训需求

转化效率	活动参与率/商品点击率达标	20%
响应速度	用户评论24小时内回复率100%	15%
协作能力	跨部门需求按时完成率≥90%	10%

五、业务培训内容设计

1. **技能类培训**
   - 文案写作：标题公式（如SCQA模型）、爆款文案拆解
   - 工具实操：短视频剪辑/排版工具（Canva/稿定设计）速成教学
   - 数据思维：用AARRR模型解读账号运营漏斗
2. **规则类培训**
   - 各平台算法机制（如抖音流量池规则、小红书限流红线）
   - 公司账号人设定位与内容禁忌（如品牌调性、禁用词库）

3. 实战演练
- 模拟账号运营：分组完成一周选题规划并接受导师点评
- 紧急场景处理：如负面舆情应对话术演练

六、实施可行性方案

1. 时间与资源
- 周期：集中培训3天（基础知识）+ 30天带教实操（任务通关制）
- 资源：内部讲师（资深运营）+ 外部课程（平台官方运营指南）

2. 效果保障
- 培训考核：通过率与转正挂钩，设置阶段性任务（如首周需产出1篇达标内容）
- 反馈机制：每周1V1导师复盘，优化后续培训重点

方案优势：
- 知识体系由浅入深，符合新人学习曲线
- 强结果导向，培训产出直接关联业务指标
- 轻量化实施，减少对企业现有资源的占用

建议根据公司实际业务数据动态调整指标阈值，并建立新人FAQ文档辅助自学。

图 3-1-17 分析培训需求

建立离职预警机制

输入下面的提示词，获取离职预警机制。

```
Plain Text
背景描述：
这是一份10月份员工考勤记录表，目标人群是员工，核心目标是通过观察异常考勤数据及时发现员工离职意愿，让领导及时采取离职预警措施。确保内容适合职场汇报逻辑。

内容描述：
```

> 梳理内容需包含基础情况/异常数据/离职预测/应对举措四部分。

第一步　考勤记录 13.23KB

第二步　这是一份10月份员工考勤记录表，目标人群是员工，核心目标是通过观察异常考勤数据及时发现员工离职意愿，让领导及时采取离职预警措施。确保内容适合职场汇报逻辑。
梳理内容需包含基础情况/异常数据/离职预测/应对举措四部分。

DeepSeek ∨　 深度思考(R1)　 联网搜索

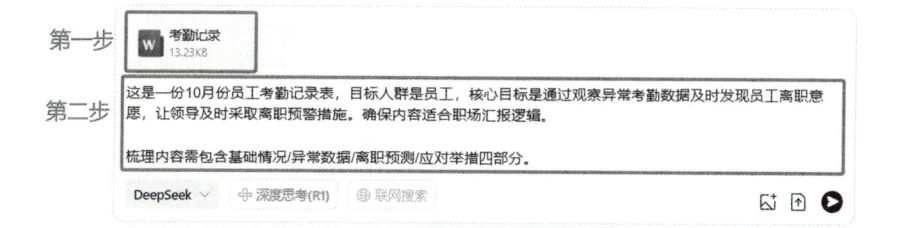

图 3-1-18 建立离职预警机制

DeepSeek 会根据你的需求建立离职预警机制。

一、基础情况概览

考勤周期：2023-10-02 至 2023-11-01（完整月份）
覆盖人员：张三、李四、黄五
正常出勤率：

- 张三：100%（含合理补卡）
- 李四：96%（4次异常均有合理说明）
- 黄五：仅38%工作日达标

日均工作时长：

- 张三：9.1小时（含2次主动加班）
- 李四：8.9小时
- 黄五：4.2小时

二、异常数据警示

高频异常人员（黄五）：

1. **出勤异常**
    - 迟到超1小时：7次（10-10/13/17/23/26/31日）
    - 早退超2小时：9次（10-05/09/11/13/17/24/25/26/27日）
    - 全天缺勤：4次（含连续2日旷工）

045

2. **行为异常**
- 未补卡记录：6次
- 备注栏异常标记：出现"红色预警"、"拒绝考勤登记"、"未联系HR"等严重标注
- 工作时长断崖式下降：月末单日仅工作1小时

低风险异常人员：
- 张三：3次系统/网络延迟补卡（均有审批记录）
- 李四：4次交通/设备问题补卡（均附说明）

三、离职倾向预测

风险等级	姓名	预警依据
红色预警	黄五	① 异常频次超阈值3倍 ② 缺勤行为持续恶化 ③ 拒绝沟通记录 ④ 存在故意破坏考勤行为
绿色安全	张三	① 全勤达标 ② 异常均走流程 ③ 主动加班表现
黄色观察	李四	① 异常均属偶发 ② 保持正常沟通 ③ 工作时长稳定

图 3-1-19 建立离职预管机制

四、应对举措建议

1. 高风险人员干预
- 立即启动HRBP面谈，了解真实工作状态
- 核查本月工作成果质量（异常时段产出记录）
- 准备《劳动纪律告知书》签署留存
- 制定15日观察期，未改善则启动离职流程

2. 制度强化措施
- 推行「三次异常自动触发预警」系统机制
- 建立部门负责人每日考勤复核制度
- 新增「异常考勤影响绩效考核」条款

3. 团队稳定性维护
- 对张三进行表彰（建议月度全勤奖）
- 为李四提供弹性工作制申请通道
- 启动黄五岗位的AB角培养计划

数据支持案例：黄五在10月27日出现「连续第二天旷工」后，30日发展为「拒绝考勤登记」，31日仅工作1小时，呈现典型的离职前行为轨迹。

请领导重点关注黄五的异常行为持续性，建议本周内完成首次离职面谈。其他人员考勤表现健康，可作团队标杆宣传。

图 3-1-20 建立离职预警机制

1.3 销售岗

销售岗位是关乎企业利润的工作岗位之一。

这个部分主要给大家介绍精准客户画像生成、自动化市场调研报告、智能沟通话术优化的三种具体业务场景。由于销售业务涉及市场的实时动向，可能需要参考网上的文献，建议打开联网搜索。

生成精准客户画像

输入下面的提示词，获取精准客户画像。

```
Plain Text
背景描述：
我需要一份关于广州天河城招商的精准客户画像，目标群体是企业老板，核心目标是为天河城百货的商铺匹配客户群体，让招商部进行推广获客。


内容描述：
筛选维度需包含品牌形象 / 产品 / 价格定位 / 目标客群 / 企业资质 / 市场趋势六部分。
```

> 我需要一份关于广州天河城招商的精准客户画像，目标群体是企业老板，核心目标是为天河城百货的商铺匹配客户群体，让招商部进行推广获客。
>
> 筛选维度需包含品牌形象/产品/价格定位/目标客群/企业资质/市场趋势六部分。

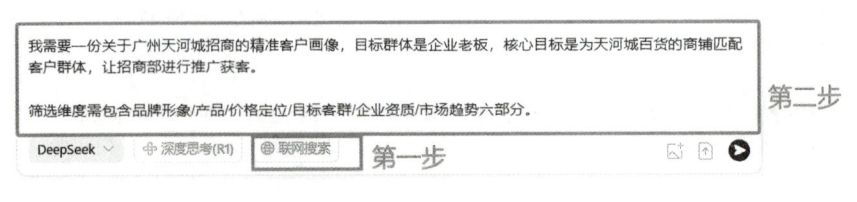

第一步／第二步

图 3-1-21 生成精准客户画像

DeepSeek 会根据你的需求生成精准客户画像。

一、品牌形象匹配

- **定位中高端**：天河城以"华南第一商圈"为核心，定位中高档至高端消费市场，聚集了 **70%进入广州的国际品牌** [1][2]，如雅诗兰黛、兰蔻、Dior等国际美妆品牌 [5][6]，以及轻奢、设计师品牌（如HUGO BOSS、POLO RALPH LAUREN）[8]。
- **创新与年轻化**：近年通过 **首店经济** 引入新兴品牌（如敏华冰厅华南首店、趁烧烤肉等）[5][8]，并打造 **沉浸式体验场景**（如迪士尼主题展、数码生活馆）[5][6]。
- **招商重点**：优先选择 **国际知名品牌**、**区域首店**、**轻奢或设计师品牌**，以及具备 **差异化场景打造能力** 的企业。

二、产品策略

- **业态互补性**：需覆盖 **高化美妆**（如兰蔻、祖玛珑）、**快时尚**（如ZARA、优衣库）、**网红餐饮**（如M Stand、manner咖啡）、**亲子体验**（如乐高、美吉姆）及 **生活方式零售**（如 Alexandre de Paris首饰）[6][8]。
- **体验导向**：引入 **互动性强** 的业态（如主题展览、健康运动品牌）及 **数字化服务**（如智能巡更系统支持的租户）[7]。
- **数据支撑**：参考 **MobTech客流分析**，重点布局客群偏好较高的 **休闲饮品**、**快时尚**、**亲子游乐** 等品类 [6]。

三、价格定位

- **租金水平**：天河城商铺租金较高，写字楼月租金约 **34.62元/m²** [1]，适合 **中高端品牌** 及具备 **稳定现金流** 的企业。
- **消费能力**：目标客群月收入 **5-10k占比最高**，10k以上占23% [6]，消费偏好 **中高档价位**（如美妆、轻奢服饰）。
- **定价策略**：建议品牌产品 **单价在300-2000元区间**，符合天河城 **高客单价、高复购率** 的消费特征 [6]。

四、目标客群画像

- **核心人群**：
  - **年龄**：25-34岁为主（占比55%），35-44岁次之（24.47%） [1] [6]。
  - **职业**：企业白领（占比近50%）、学生（占比约15%） [6]。
  - **家庭结构**：已婚人群占比60%，有未成年子女家庭占40% [6]。
- **消费偏好**：
  - **高复购需求**：偏好 **快时尚、美妆、网红餐饮**；
  - **社交场景**：青睐 **主题展览、影院、特色餐饮**（如南京大牌档）[5] [6]；
  - **家庭消费**：亲子游乐、教育类品牌（如美吉姆）需求显著 [6]。

图 3-1-22 生成精准客户画像

五、企业资质要求

- **品牌实力**：优先选择 **成熟连锁品牌**（如肯德基、周大福）或 **区域头部企业**（如广州酒家、陶陶居）[9] [10]。
- **运营经验**：需具备 **3年以上成功门店案例**，尤其在 **高客流商圈** 的运营能力（参考天河城日均30万客流数据）[5] [6]。
- **合规性**：需提供 **合法经营资质、品牌授权书**，并符合天河城 **绿色环保标准**（如节能设备、无污染装修）[7]。

六、市场趋势适配

- **首店经济**：天河城近年引入 **30+首店品牌**（如趁烧烤肉、Alexandre de Paris），契合 **年轻客群尝鲜需求** [8]。
- **健康与体验**：疫情后消费向 **大健康**（如运动品牌Lululemon）、**沉浸式体验**（如迪士尼主题展）倾斜 [6] [8]。
- **数字化转型**：合作 **MobTech大数据分析**，重点吸引 **线上引流能力强** 的品牌（如O2O餐饮、智慧零售）[3] [6]。
- **区域辐射**：依托天河路商圈 **年销售额超万亿** 的规模 [2]，吸引 **粤港澳大湾区中高端消费品牌** [2] [8]。

招商策略建议

1. 精准触达渠道：

- 定向邀请 **国际品牌区域代理**、**本土头部企业** 参与招商会 ⑨；
- 通过 **行业展会**（如中国购物中心峰会）、**商业地产数据平台**（如MobTech、赢商网）推广 ③ ⑧。

2. **差异化政策**：
- 对 **首店品牌** 提供租金优惠或 **联合营销支持** ⑧；
- 为 **高客流业态**（如餐饮、亲子）设计 **保底+提成** 租金模式 ② ⑩。

3. **数据驱动决策**：
- 利用 **客群画像分析**（如职住地、消费偏好）优化品牌组合 ③ ⑥；
- 定期发布 **商圈白皮书**，吸引符合趋势的业态（如健康、科技零售）⑦。

通过以上画像，天河城可精准锁定 **具备中高端品牌力、强运营能力及创新基因** 的企业，强化商圈竞争力，同时依托数据洞察动态调整招商策略。

图 3-1-23 生成精准客户画像

生成自动化市场调研报告

输入下面的提示词，生成自动化市场调研报告。

```
Plain Text
背景描述：
我需要为一家广州连锁餐饮企业做市场调研，目标人群是学生，核心目标是为新店进行选址，让企业老板能提前部署。确保内容适合职场汇报逻辑。

内容描述：
考虑因素需包含市场现状分析/政策环境/竞争格局/消费趋势/消耗成本/利润预测六部分。
```

DeepSeek 会根据你的需要生成自动化市场调研报告。

一、市场现状分析

1. **市场规模**：
   - 广州高校餐饮市场规模持续扩大，2024年高校商圈餐饮市场规模达4832.8亿元，预计2025年突破6000亿[10]。
   - 学生消费力强，18-25岁群体月均餐饮支出约1075元，高频次消费（日均2-3餐）[10][12]。

2. **业态特征**：
   - **校内餐饮**：食堂占比55.5%，但社会餐饮加速渗透（如海底捞、老乡鸡等连锁品牌进驻食堂档口或独立门店）[4][5][10]。
   - **校外餐饮**：小吃快餐占比53.8%，茶饮、火锅等多元化需求增长[10]。
   - **外卖主导**：广州高校外卖订单量年增长率20%，但美团、饿了么校内渗透率不足30%，存在配送服务优化空间[2][13]。

二、政策环境

1. **食品安全与合规要求**：
   - 严格执行《学校食品安全与营养健康管理规定》，需配备专职食品安全管理员，落实"日管控、周排查、月调度"制度[6][7]。
   - 校内餐饮禁止高盐、高糖、高脂食品，鼓励"低油、低盐、低糖"健康餐品[7][8]。

2. **经营模式限制**：
   - 高校食堂需坚持公益性原则，不得盈利；社会餐饮进驻需通过招投标，合作模式以"提点分成"为主（25%-32%营业额分成）[3][7][16]。
   - 校内商铺租金较高，部分高校要求品牌方承担装修及设备成本[3][4]。

三、竞争格局

1. **头部品牌布局**：
   - **饮品**：蜜雪冰城、瑞幸、茶百道等占据流量优势，校内门店密度高[9][10]。
   - **快餐**：塔斯汀、米村拌饭等以性价比突围，客单价20-30元[4][5]。
   - **正餐**：海底捞、老乡鸡等通过降价策略（人均15-30元套餐）吸引学生[4][5]。

2. **差异化机会**：
   - 与食堂形成互补：提供健康轻食、特色小吃（如柠檬茶、潮汕牛肉火锅）[1][9]。
   - 错峰竞争：夜间餐饮（夜宵、甜品）未被充分满足[1][12]。

图 3-1-24 生成自动化市场调研报告

四、消费趋势

1. **需求特征**：
   - **性价比优先**：60%学生选择10-20元套餐，对满减、会员折扣敏感 [12][13]。
   - **健康化**：关注食材新鲜度、营养搭配，低卡轻食需求增长 [1][7]。
   - **便捷性**：外卖占比超50%，偏好线上点餐、自提柜等无接触服务 [2][10]。

2. **社交与体验**：
   - 主题餐厅、互动式餐饮（如DIY饮品）吸引年轻群体 [1][5]。
   - 品牌需通过小红书、抖音等社交平台强化学生口碑传播 [5][10]。

五、消耗成本

1. **成本结构**（以校内档口为例）：
   - **食材成本**：占比50%-55%（高于普通门店）[10]。
   - **租金+提点**：占总营收20%-25% [10][16]。
   - **人工成本**：占比17%，学生兼职可降低支出 [10]。

2. **选址成本差异**：
   - **校内**：年租金10-30万元（视高校等级及位置），需承担25%-32%营业额提点 [3][16]。
   - **校外商圈**：年租金30-50万元，但客流量更稳定（如大学城贝岗街）[9][13]。

六、利润预测与选址建议

1. **利润模型**：
   - **客单价**：建议定位15-25元（正餐）、8-15元（饮品）[12][13]。
   - **日均单量**：校内档口300-500单/月，净利润率7%-10%；校外门店500-800单/月，净利润率12%-15% [10][16]。
   - **回本周期**：校内6-12个月，校外12-18个月（需规避寒暑假空置期）[3][16]。

2. **选址优先级**：
   - **核心区域**：综合性大学（学生2万+）、艺术类院校（消费力强），如中山大学、华南理工大学、广州美术学院 [5][10]。
   - **次优区域**：职校及郊区高校，通过低价套餐覆盖下沉市场（如白云区、从化区）[4][13]。

汇报总结：建议优先布局天河区（华南理工大学、暨南大学）及大学城片区，主打"高性价比健康快餐+网红饮品"，与食堂形成差异化；同步拓展校外配送服务，通过小程序积累私域流量，降低平台佣金依赖。

图 3-1-25 生成自动化市场调研报告

优化智能沟通话术

上传现有的话术附件，输入下面的提示词，获取智能沟通话术。

```
Plain Text
背景描述：
这是一份私域课程话术，目标观众是私域客户，核心目标是通过优化调整现有的话术库，搭建智能沟通的 AI 客服。确保内容适合客服沟通逻辑。


内容描述：
话术调整需考虑客户心理 / 优化话术结构 / 融入情感元素 / 个性化定制 / 持续迭代六部分。
```

DeepSeek 会根据你的需求优化智能沟通话术。

根据文档内容和优化目标，我为您梳理以下话术优化方案，重点从客户心理、话术结构、情感元素等维度进行调整：

一、发售前优化

1. 欢迎语优化（增强同理心）
"您好呀~欢迎加入地产AI商学大家庭！我是您的学习规划师小元宝(✧ω✧)
看到您关注AI赋能地产行业，真的太有眼光啦！我们团队深耕地产流量获客8年，累计帮3000+地产人实现业绩突破。这次课程特别针对地产人转型痛点，准备了5大核心模块+实战工具包，今晚18点直播还有泉哥1v1答疑福利哦~"

2. 裂变任务调整（降低抵触心理）
原话术："只需完成以下任意一个小任务即可解锁"
优化后："为感谢首批学员支持，特别开放福利通道！完成以下任一暖心小互动即可解锁全套资料包：
√ 朋友圈分享学习宣言（模板已备好）
√ 邀请3位同行伙伴组队学习
完成记得戳我领《AI房产文案宝典》哦~"

3. 课程价值传达（场景化描述）
原话术："1分钟出1000条文案"
优化后："您是否经历过这些场景？
√ 客户咨询高峰期来不及回复

√ 营销节点文案灵感枯竭
√ 竞品活动频出难以突围
今晚课程将带您解锁AI智能应答系统搭建，1分钟批量生成带客户痛点的精准文案"

二、发售当天升级

1. 群公告重构（信息分层）

【今晚必看】18:00直播倒计时3小时！
💧 核心权益：
1）AI房产获客SOP手册（电子版）
2）专属DeepSeek操作权限
3）泉哥1v1诊断名额（限前50）
👉 准备清单：

- 电脑登录硅基平台（链接）
- 记录本+荧光笔
- 近期工作卡点（课上针对性解决）

2. 讲师包装（故事化呈现）

"偷偷告诉大家，泉哥当年也是从房产中介做起的哦~
2019年经历行业寒冬时，通过AI工具3个月做到区域销冠，后来带着团队打磨出这套可复制的AI+房产方法论，今天就把这套价值30W的实战心法，毫无保留分享给大家！"

3. 实时互动（场景化提醒）

【17:50】温馨提示：
正在通勤的小伙伴可以用手机先预约直播间~
电脑端的家人记得提前测试语音设备
需要硅基平台协助注册的@小元宝 马上帮您

三、发售后迭代

1. 成交客户跟进（情感账户建立）

"恭喜您解锁AI房产专家成长之路！🎉
课程资料包已发送至您的邮箱，包含：
1）5天学习计划表（按岗位定制）
2）常见问题Q&A手册
3）学员专属答疑通道
学习过程中有任何卡点，随时呼唤小元宝~"

2. 未成交转化（痛点唤醒）

"元宝注意到您还没领取学习资料呢~
最近是否遇到这些情况？
√ 客户咨询量突然下降
√ 竞品开始使用AI工具
√ 领导要求提升人效
不妨试试课程里的「AI流量诊断工具」，3分钟生成专属优化方案，现在体验还可获得..."

图 3-1-26 优化智能沟通话术

3. 反馈机制（迭代依据）

【学习效果调研】

亲爱的学员，为了给您更好的学习体验：

① 目前课程内容对您工作的帮助程度？（1-5分）

② 最想强化的模块是？（可多选）
□ AI客户画像分析 □ 智能应答系统
□ 文案批量生成 □ 数据决策模型

③ 希望增加的增值服务：
□ 案例库更新 □ 工具包升级 □ 线下交流会

四、AI客服适配建议

1. **话术标签化**：给每类话术打场景标签（如「兴趣试探」「价格疑虑」「技术咨询」）

2. **知识库嵌套**：将课程资料/常见问题做成结构化QA库

3. **情感识别模块**：添加共情词库（如"完全理解您的顾虑""您真的很有前瞻性"）

4. **个性化触发**：

   - 根据用户点击链接记录推荐内容
   - 按用户活跃时段调整沟通节奏
   - 对沉默用户启动「课程精华摘要」唤醒机制

示例对话流：

用户问："AI真的能提升获客效率吗？"

→ 触发「技术疑虑」场景

→ 自动回复："您问到了关键！上周刚有位郑州的学员用课程里的智能外呼模板，3天新增了27组优质客户，这是他们的数据对比图（图片），您主要想提升哪方面的效率呢？"

建议配套数据看板监测：

- 话术点击热力图
- 任务完成转化漏斗
- 高频问题关键词云
- 情感倾向分析图谱

这种结构既保持销售导向，又通过场景化表达降低沟通压力，建议每两周根据用户反馈数据迭代话术库，重点优化TOP3流失环节的话术设计。

图 3-1-27 优化智能沟通话术

1.4 产品岗

产品岗位是确保企业业务质量的至关重要的环节。

以前看 500 条用户反馈要一周分类，现在 DeepSeek 2 小时出结论：学生党要社交，上班族求效率。以前猜竞品更新全靠手动盯，现在每天推送：对手偷偷改了搜索算法！以前 AB 测试等两周才敢决策，现在实时预测：新按钮点击率涨 18%，今晚就上线！

生成自动化需求文档

输入下面的提示词，获取自动化需求文档。

> Plain Text
>
> 背景描述：
>
> 我是就职于戴森品牌产品线的员工，目标人群是客户，核心目标是结合互联网上的反馈，让领导确定下一批新产品。确保内容适合职场汇报逻辑。
>
> 内容描述：
>
> 需求文档需结合用户场景分析 / 功能需求 / 版本规划 / 设计参考 / 风险管理五部分。

DeepSeek 会根据你的需求生成自动化需求文档。

一、用户场景分析

1. 核心用户画像

- **中产及以上家庭**：追求高效清洁、智能家居与健康环境，对产品性能与设计美学有高要求 [3] [4] 。
- **年轻职场人群**：注重便捷性与多场景适用性（如小型化、无线化），偏好"一机多用"解决方案 [1] [2] 。
- **环保倡导者**：关注可持续性，倾向减少耗材、节能低耗的产品 [1] [6] 。

2. 痛点场景

- **家庭清洁**：传统工具无法兼顾地面、缝隙、高处清洁需求，用户需频繁更换设备 [2] [7] 。
- **个人护理**：美发工具对头发损伤大，缺乏智能化调节功能（如温度、风速自适应） [12] [13] 。
- **健康防护**：空气净化设备难以实时监测并处理超微颗粒物（如病毒、过敏原） [1] [5] 。

3. 场景延伸机会

- **宠物家庭**：毛发缠绕、异味处理需求激增（吸尘器防缠绕技术可复用至宠物护理产品） [2] [12] 。
- **户外场景**：可穿戴设备（如空气净化耳机）需适应运动场景的便携性与续航能力 [5] [7] 。

二、功能需求

1. 技术升级方向

- **智能互联**：通过传感器与AI算法实现"预判式清洁"（如根据灰尘量自动调节吸力） [1] [5] 。
- **模块化设计**：核心部件（如马达、电池）可拆卸升级，延长产品生命周期 [6] [12] 。
- **环保技术**：减少一次性滤网依赖，开发可水洗滤材或静电吸附技术 [1] [6] 。

2. 用户体验优化

- **静音功能**：针对母婴与居家办公场景，噪音控制需低于60分贝 [13] 。
- **人机交互**：语音控制、APP可视化数据（如空气质量实时反馈） [5] [7] 。

3. 差异化功能

- **健康监测**：在美发产品中集成头皮健康分析（如温湿度传感器） [12] [13] 。
- **多场景适配**：吸尘器增加"车载模式"配件，解决车内清洁痛点 [2] [7] 。

图 3-1-28 生成自动化需求文档

三、版本规划

阶段	目标产品	核心功能	技术复用
1年内	智能洗地吸尘器Pro	吸拖一体、自动识别地面材质调节模式	G5 Detect过滤技术、V12 Det
1-2年	健康监测吹风机	头皮温湿度监测、护发成分释放	Supersonic Nural传感器技术
2-3年	全屋空气管理机器人	自主路径规划、病毒消杀与PM0.1过滤	360 Vis Nav导航系统、HEPA过

四、设计参考

1. 工业设计语言

- **极简几何造型**：延续戴森标志性透明气旋组件与金属质感（参考Dyson Zone耳机）12 13 。
- **色彩策略**：新增"莫兰迪色系"限定款，吸引女性及年轻用户 3 16 。

2. 人性化细节

- **防误触设计**：按键布局符合人体工学（参考Dyson Airwrap防烫手柄）12 。
- **模块化配件**：通过磁吸接口快速切换功能（如吸尘器→除螨仪）2 7 。

五、风险管理

1. 技术风险

- **专利壁垒**：避免与现有竞品（如科沃斯、iRobot）的核心技术冲突 14 15 。
- **供应链稳定性**：确保高精度传感器与微型马达的产能（马来西亚/新加坡工厂协同）1 5 。

2. 市场风险

- **定价策略**：推出"轻量版"产品线（如入门级吸尘器），应对国产品牌价格战 3 16 。
- **用户教育**：通过线下体验店与KOL教程降低使用门槛（参考Dyson Airwrap社交媒体营销）3 4 。

3. 环保合规

- **欧盟新规**：提前适配RoHS 3.0标准，避免重金属与塑化剂超标风险 6 14 。

图 3-1-29 生成自动化需求文档

自动分析用户评价

输入下面的提示词，获取用户评价分析。

```
Plain Text
背景描述：
这是公司一款冰箱产品的用户评价单，目标人群是客户，核心目标是结合用户的评价，让产品经理定制产品更新策略。

内容描述：
分析内容需包含产品性能/使用场景/价格敏感度/品牌价值四部分。
```

第一步　　用户评价单 258.88KB

第二步　　这是公司一款冰箱产品的用户评价单，目标人群是客户，核心目标是结合用户的评价，让产品经理定制产品更新策略。
分析内容需包含产品性能/使用场景/价格敏感度/品牌价值四部分。

DeepSeek　深度思考(R1)　联网搜索

图 3-1-30 自动分析用户评价

DeepSeek 会根据你的需求自动分析用户评价。

产品更新策略分析（基于用户评价）

一、产品性能

优势：

1. **外观设计**：用户高频提及"超薄零嵌""严丝合缝""时尚大气"，尤其灰色（苍穹灰）和白色（流苏白）受青睐，满足现代家居审美需求。
2. **静音与节能**：多数用户认可"噪音小""一级能效""耗电低"，符合家庭长期使用需求。
3. **制冷与保鲜**：制冷速度快、保鲜效果佳，分区设计（如十字门、变温室）提升实用性。

059

4. **智能功能**：联网控制（美的美居APP）、小屏温控等科技感设计获好评。

不足与建议：

- **冷冻区设计**：个别用户提到冷冻区无盖板，建议优化分层结构或增加灵活配件。
- **散热问题**：部分用户对底部散热适配性存疑，需强化安装指导或优化散热效率。
- **异味控制**：少数用户反馈冷冻区有轻微串味，建议升级净味技术（如双循环系统）。

二、使用场景

核心场景：

1. **小户型家庭**：超薄零嵌设计适配小厨房，底部散热减少空间预留需求。
2. **新装修用户**：严丝合缝嵌入橱柜，与灰色/白色现代装修风格高度匹配。
3. **多口之家**：457L大容量满足3-5人家庭食材存储需求，分区设计提升收纳效率。

场景化优化建议：

- **强化场景营销**：针对精装房、小户型推出"尺寸适配指南"或虚拟装修工具。
- **扩展功能场景**：开发母婴专区、速冻锁鲜模式，覆盖更多细分需求。
- **配套服务**：提供嵌入式安装团队标准化服务，减少用户自行适配困扰。

三、价格敏感度

用户反馈：

- **价格驱动因素**：高频提及"国补优惠""性价比高"，20%补贴显著提升购买意愿。
- **心理预期**：用户接受中高端定价（3000-5000元区间），但需匹配品牌价值与性能。
- **敏感点**：对促销活动敏感（如双11、国补），但对长期耐用性关注度高于短期低价。

图 3-1-31 自动分析用户评价

策略建议：

- **维持补贴联动**：持续绑定政府补贴政策，强化"高性价比"心智。
- **差异化定价**：推出白色款溢价版本（用户反馈白色更受欢迎），或增加智能功能升级款。
- **增值服务包**：提供延保、以旧换新等组合方案，降低决策门槛。

四、品牌价值

优势：

1. **信任度**：用户认可"美的大品牌""售后可靠"，尤其老用户复购率高（如空调、小家电用户转购冰箱）。

2. **科技感**：智能控制、超薄技术强化"创新"标签，与竞品形成差异化。

3. **服务口碑**：物流速度、安装专业性获多次好评，形成服务竞争力。

提升方向：

- **强化高端形象**：通过工业设计奖项、权威测评背书（如静音认证）提升溢价能力。
- **社群运营**：建立用户口碑圈层（如邀请"严丝合缝"案例用户分享装修经验）。
- **售后触点优化**：开发冰箱使用监测系统，主动推送保养提醒或故障预警。

综合更新策略

1. **技术迭代**：
   - 推出Pro版：增加双循环净味、母婴模式、自动制冰功能。
   - 优化冷冻区结构，增加可拆卸盖板与灵活分区配件。

2. **场景深化**：
   - 联合家居品牌推出"嵌入式厨房解决方案"套餐。
   - 开发"小户型冰箱使用指南"（收纳技巧+节能设置）。

3. **营销创新**：
   - 打造"颜色经济学"：针对白色款设计轻奢营销主题。
   - 发起"严丝合缝挑战赛"，鼓励用户晒装修实景图。

4. **服务升级**：
   - 推出"72小时极速焕新"服务（以旧换新+安装一体化）。
   - 建立用户积分体系，绑定美的全品类产品复购。

总结：聚焦"空间适配+智能体验"核心优势，通过技术微创新与场景化服务强化竞争力，同时利用品牌势能拓展高端市场。

图 3-1-32 自动分析用户评价

模拟测试用户旅程

输入下面的提示词，获取用户旅程的模拟测试结果。

> Plain Text
>
> 背景描述：
>
> 这是公司一款冰箱产品的用户评价单，目标人群是客户，核心目标是通过用户对产品的评价模拟测试用户旅程，让产品经理优化产品。
>
> 内容描述：
>
> 模拟测试需结合认知 / 考虑 / 购买 / 使用 / 售后五个阶段。

DeepSeek 会根据你的需求模拟测试用户旅程。

用户旅程模拟测试分析（冰箱产品优化方向）

1. 认知阶段

用户触点与反馈：

- **渠道来源**：京东平台（占比最高）、直播间促销、国补政策宣传、美的品牌口碑（老用户复购率高）。
- **关键认知点**：
  - 超薄零嵌设计（小户型刚需）、底部散热（避免柜体变形）、高颜值（灰色/白色适配装修风格）。
  - 国补优惠（20%补贴）显著影响购买决策。
  - 品牌信任：用户因美的空调/小家电的长期使用体验选择冰箱。

优化建议：

- **强化场景化营销**：突出"小户型救星""严丝合缝嵌入"等场景，搭配装修类平台/KOL合作。
- **政策宣传优化**：明确国补适用条件与操作流程，减少用户决策疑虑。

2. 考虑阶段

用户关注点：

- **核心需求**：尺寸精准（多次提及严丝合缝）、静音（32分贝）、容量大（457L）、节能（0.85度/天）。
- **对比决策**：与同类产品对比性价比，关注"双变频双循环""PT净味"等技术点。

- **客服咨询**：用户依赖客服确认尺寸、散热方式（如底部散热VS两侧散热）。

优化建议：
- **详情页优化**：增加动态尺寸示意图、噪音实测视频、能耗对比数据。
- **客服培训**：提供标准化尺寸答疑话术，主动提醒用户预留散热空间。

3. 购买阶段

用户体验与痛点：
- **正向反馈**：
  - 京东物流快、送货入户、拆旧服务便捷。
  - 客服专业（如提醒底部散热适配柜体）。

图 3-1-33 模拟测试用户旅程

- **负向反馈**：
  - 个别用户反映冷冻区无盖板（差评），需加强品控。

优化建议：
- **物流透明化**：提供实时物流追踪，标注"拆旧服务"入口。
- **品控升级**：抽查冷冻区配件完整性，增加出厂检查环节。

4. 使用阶段

用户实际体验：
- **优势**：
  - 制冷/保鲜效果佳（蔬菜水果保鲜超7天）、噪音低、APP智控便捷。
  - 分区设计合理（十字门、变温区）。
- **待改进**：
  - 冷冻区抽屉易串味（用户反馈需另购吸味剂）。
  - 长期使用反馈较少，耐用性存疑（如门封条寿命）。

优化建议：
- **功能迭代**：增加冷冻区密封盖板，优化抽屉防串味设计。
- **用户教育**：推送使用技巧（如温度分区设置），延长质保期增强信心。

5. 售后阶段

用户反馈与服务缺口：

- **正向案例**：安装师傅耐心处理狭窄空间安装，售后响应快。
- **潜在风险**：个别用户因装修未完成延迟使用，需主动跟进服务。

优化建议：

- **主动服务**：对未通电用户进行3个月后回访，提供使用指导。
- **售后网络覆盖**：三四线城市增加合作网点，提升维修时效。

总结：优先级优化清单

1. **品控与设计**：冷冻区配件完整性检查，优化密封性。
2. **营销策略**：强化"小户型+国补"场景，联合装修平台推广。
3. **服务链路**：物流透明化、售后主动回访机制。
4. **用户教育**：提供嵌入式安装指南视频，降低退货率。

通过以上优化，可提升用户全旅程体验，强化产品市场竞争力。

图 3-1-34 模拟测试用户旅程

1.5 运营岗

运营岗位是对于企业业务持续增长来说非常重要的工作岗位。

如果能恰当使用提示词，DeepSeek 可以帮运营人员大幅提升效率。这个部分主要给大家介绍活动 ROI 实时预测、短视频脚本批量产出、竞品直播话术拆解的三种具体业务场景。

生成活动 ROI 实时预测方案

输入下面的提示词，获取活动 ROI 实时预测方案。

> Plain Text
>
> 背景描述：
>
> 我需要为一家自媒体电商企业进行活动 ROI 的实时预测，目标群体是女性用户，核心目标是在企业的直播当中监控相关指标，及时调整策略。确保内容精炼适合运营人员快速阅览。
>
> 内容描述：
>
> 预测指标需包含基础 ROI 计算 / 直播间流量 / 用户行为 / 投流效果 / 计划异常监控五部分。

DeepSeek 会根据你的需求生成活动 ROI 实时预测方案。

一、基础ROI计算看板（核心监控区）

1. 实时ROI预测

- 公式： (实时GMV预测值 - 直播成本) / 直播成本
- 核心指标：
  - 实时GMV（分商品类目拆解）
  - 广告投放费用（分渠道）
  - ROI达成率（对比预设目标）
- 预警：当预测ROI低于目标值15%时触发红黄预警

2. 商品维度看板

- 热销商品贡献度TOP5（实时更新）
- 滞销商品预警（10分钟内0转化商品标红）

二、直播间流量健康度监控

1. 流量质量矩阵

指标	预警阈值	优化建议触发条件
实时观看人数	<目标值50%	启动备用引流方案
新客占比	<30%	调整老客召回话术
平均停留时长	<2分钟	优化直播节奏/福利机制

2. 流量来源分析

- 自然流量/短视频引流/付费投流占比
- 渠道转化效率对比（重点监控抖音/小红书渠道）

三、用户行为预判模型

1. 转化漏斗实时监测

进入直播间 → 商品点击（转化率）→ 加购（转化率）→ 下单（转化率）

- 异常环节标红提示（例：加购率突降触发弹窗提醒）

2. 用户画像热力图

- 年龄分布：重点监控25-35岁主力消费层占比
- 地域分布：实时显示成交TOP3省份
- 消费偏好：美妆/服饰/母婴类目点击热力图

图 3-1-35 生成活动 ROI 实时预测方案

2. 用户画像热力图

- 年龄分布：重点监控25-35岁主力消费层占比
- 地域分布：实时显示成交TOP3省份
- 消费偏好：美妆/服饰/母婴类目点击热力图

四、投流效果追踪系统

1. 广告ROI看板

投放平台	点击成本	转化率	实时ROI	建议动作
抖音	¥3.2	8.7%	1:2.3	持续加投
微信	¥5.1	2.1%	1:0.8	暂停更换素材

2. 素材热度榜

- 实时展示前3名高点击率素材（支持点击查看详情）

五、计划异常监控模块

1. 智能预警清单

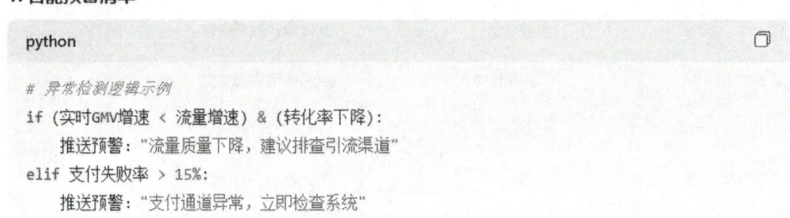

```python
# 异常检测逻辑示例
if (实时GMV增速 < 流量增速) & (转化率下降):
    推送预警: "流量质量下降，建议排查引流渠道"
elif 支付失败率 > 15%:
    推送预警: "支付通道异常，立即检查系统"
```

2. 风险等级划分

- ⚠ 黄色预警：单指标偏离目标值10-20%
- ！红色预警：核心指标偏离20%以上或多项异常

数据看板呈现建议

1. **移动端适配布局**：核心指标采用大字卡片式排列，次要数据折叠收纳
2. **时间轴对比**：实时数据与历史同期数据对比曲线（特别关注19-22点黄金时段）
3. **操作响应区**：预设快捷调整按钮（如「立即加投千川」「切换备用链接」）
4. **预警处理记录**：自动生成异常事件处理日志，支持添加备注

该方案可实现每5分钟刷新数据，关键指标支持点击下钻分析，满足运营人员10秒内获取核心信息的需求。建议搭配钉钉/企微机器人实现预警信息实时推送。

图 3-1-36 生成活动 ROI 实时预测方案

批量产出短视频脚本

第一步：输入下面的提示词，获取批量爆款选题。

> Plain Text
>
> 背景描述：
>
> 我需要为一个自媒体房产经纪人账号生成十个爆款选题，目标观众是广州购房者，核心目标是通过短视频脚本实现账号涨粉与获客，让经纪人跟进转化。确保内容适合自媒体平台逻辑。

第二步：输入下面的提示词，批量生成脚本。

> Plain Text
>
> 内容描述：
>
> 帮我把十条选题全部撰写成300字左右的短视频脚本，内容结构需包含用户痛点 / 情绪钩子 / 人设 / 实用价值 / 结尾引导关注五部分，不需要分镜头，只要文案。

为广州购房者自媒体房产经纪人账号生成十个爆款选题

选题4：珠江新城伪豪宅鉴定指南！5分钟教你看穿开发商溢价套路
脚本设计：经纪人手持强光手电筒照射样板间细节，对比同价位二手真豪宅，结尾彩蛋"测测你的避坑能力"测试链接

四、数据冲击类
选题5：广州房租跌回2019？我们用1000组数据找到3个安全出租区
执行要点：电脑屏幕展示数据可视化图表，经纪人用激光笔圈重点，抛出"你的房子在危险区吗？评论区报小区名"

五、热点追踪类
选题6：白云机场扩建实探！这些噪音区楼盘正在偷偷降价…
脚本设计：现场飞机起降实拍+分贝仪测试，经纪人戴安全帽走访周边中介，结尾"扫码获取噪音区白名单"

六、场景共鸣类
选题7：30岁广州情侣看房日记：我们这样用婚房首付买了2套收租
执行要点：跟拍真实看房过程，经纪人突然出现提供方案，重点展示计算器算账过程，引导"回复'租房'获取改造攻略"

七、知识科普类
选题8：广州二手房砍价暗语大全！学会这3句中介不敢忽悠你
执行要点：经纪人角色扮演演示错误/正确砍价场景，设计"听懂掌声"梗，结尾"测测你的砍价段位"互动测试

八、争议话题类
选题9：我为什么劝退90%的增城购房者？这5条真相太扎心！
执行要点：绿幕背景大字报冲击画面，配合区域卫星图标注问题，抛出"你属于那10%适合买增城的人吗？私信测评"

九、工具教学类
选题10：全广州唯一能查学位占用的官方渠道！手把手教你避开学区房陷阱
执行要点：手机录屏分步教学，重点环节用红圈标注，结尾"保存这条视频，看房前务必检查"

十、本地洞察类（备选）
选题11：老广才知道的越秀买房玄学！这3个路段的房子永远不愁租
执行要点：拍摄西关老宅实景，展示租赁合同数据，设计"本地人才懂的暗号"互动

运营要点：

1. 黄金3秒设计：每期开头固定话术"在广州买房的注意！"+画面冲击元素
2. 转化钩子：每期设置2个互动点（测试链接/资料领取/问题征集）
3. 人设打造：固定结尾动作（推眼镜/敲白板）+slogan"在广州买房，阿明帮你精打细算"
4. 追热点节奏：提前储备政策解读系列，重大政策24小时内出片
5. 私域导流：评论区小号提问"怎么领取资料"，主号统一回复话术

建议每周更新3条（1条硬核干货+1条热点追踪+1条场景故事），配合直播连麦答疑，形成内容矩阵。数据好的选题可延伸系列内容，如区域 ↓ 做成连续剧形式。

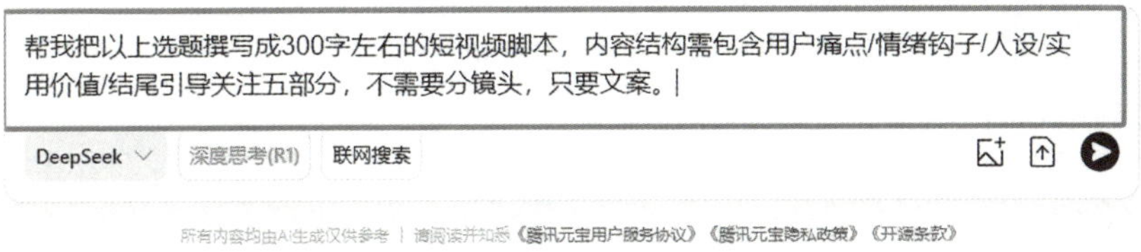

第 3 章 关键岗位场景突破

> 帮我把以上选题撰写成300字左右的短视频脚本，内容结构需包含用户痛点/情绪钩子/人设/实用价值/结尾引导关注五部分，不需要分镜头，只要文案。

图 3-1-37 批量产出短视频脚本

DeepSeek 会根据你的需求批量生成短视频脚本。

选题1：天河vs荔湾300万选房
【用户痛点】
天河程序员小王："每天通勤3小时，300万只能买老破小？"（憔悴自拍画面）
字幕：错选板块=白干5年！

【情绪钩子】
经纪人突然摔出两份合同："天河这套租金6500，荔湾的竟有7800！"（纸张翻飞音效）

【人设】
"我是阿明，5年帮327个新广州人安家"（证书墙背景+握手成交画面）
敲白板："记住这个黄金公式：总价÷预估租金=回报周期"

【实用价值】
①荔湾3个地铁上盖捡漏盘（地图标红点）
②天河隐藏的70年产权公寓名单（手机截图展示）
"私信【对比】领两区十年房价走势图"

【结尾】
"明晚7点直播拆解海珠洼地！"（手指时钟）
推眼镜+关注特效："广州买房问阿明，省心！"

选题2：28号线潜力板块
【用户痛点】
粉丝留言："当年没买黄埔后悔死！现在还有机会吗？"（弹幕滚动效果）

【情绪钩子】
经纪人突然展开8米长地铁图："这5个站点的房子正在偷偷涨价！"（尺子划红线音效）

【人设】
工地安全帽造型："跟踪28号线3年的阿明提醒"（施工牌合影）
敲图纸："开发商绝不会说的容积率陷阱！"

069

【实用价值】
①距离站点700米内的黄金小区（航拍图测距演示）
②避开震动区的选楼技巧（分贝测试仪画面）
"留言【28号线】发你施工进度表"

【结尾】
"下周带看首期轨道房！"（手指日历）
点击关注弹窗："提前布局不吃亏！"

选题3：公积金新规
【用户痛点】
夫妻争吵录音："早知道能多贷30万，就不该找我姐借钱！"（摔杯子音效）

【情绪钩子】
经纪人撕碎旧政策文件："7月1日起，这三类人多贷15万！"（警报声）

图3-1-38 批量产出短视频脚本

【人设】
办公室场景："处理过428宗公积金纠纷的阿明揭秘"（档案柜背景）
敲红头文件："重点在第二章第七条！"

【实用价值】
①教师/护士专属额度提升攻略（打钩动画）
②组合贷款省息计算器（手机秒算演示）
"保存这张申请流程图"

【结尾】
"明早10点直播答疑！"（闹钟特效）
推眼镜："少走弯路省十万！"

选题4：伪豪宅鉴定
【用户痛点】
买家哭诉视频："花800万买珠江新城，隔音竟不如出租屋！"（噪音波形图）

【情绪钩子】
经纪人掏出强光手电："5分钟教你看穿开发商障眼法！"（玻璃反光特效）

【人设】
手持检测仪："验过263套豪宅的阿明支招"（仪器数据画面）
敲墙面："真正豪宅的玻璃至少12mm！"

【实用价值】
①电梯配比计算公式（1:2才是真豪宅）
②会所运营成本查看路径（合同条款放大）
"私信【验房】领检测工具清单"

【结尾】
"下期曝光虚假学位房！"（警报灯闪烁）
关注弹窗："买错一套房，十年都白忙！"

选题5：房租下跌安全区
【用户痛点】
房东叹气："空置3个月，租金降回5年前！"（招租单随风飘落）

【情绪钩子】
经纪人突然展开3米长数据图："这三个地段租金逆势涨12%！"（红线飙升动画）

【人设】
咖啡馆场景："帮167位房东解套的阿明分析"（笔记本电脑数据）
敲键盘："看准这三个地铁施工节点！"

【实用价值】
①装修成本回收计算器（手机秒算）
②租房平台算法攻略（页面截图标注）
"留言【出租】领改造方案"

图 3-1-39 批量产出短视频脚本

【结尾】
"周末直播改造老破小！"（装修音效）
推眼镜："让房子自己赚钱！"

选题6：白云机场降价盘
【用户痛点】
夫妻争执："图便宜买的机场房，根本睡不着！"（黑眼圈特写）

【情绪钩子】
经纪人举起分贝仪："这些楼盘正在偷偷降价！"（飞机掠过音效）

【人设】
戴耳罩造型："实测83个噪音盘的阿明警告"（分贝数据图）
敲检测报告："60分贝以下才安全！"

【实用价值】
①噪音区白名单小区（地图绿色标注）
②隔音窗补贴申请通道（官网截图指引）
"私信【降噪】领检测机构名单"

【结尾】
"下周实测广佛环线盘！"（高铁音效）
关注弹窗："买对少奋斗五年！"

选题7：婚房变两套收租
【用户痛点】
情侣吵架："首付只够郊区婚房，上班要两小时！"（地铁拥挤画面）

【情绪钩子】
经纪人突然出现："为什么不买这两套老破小？"（钥匙叮当声）

【人设】
手持计算器："帮96对情侣解决问题的阿明方案"（租金流水截图）
敲账本："租金抵月供的秘密！"

【实用价值】
①30年楼龄翻新预算表（报价单展示）
②包租协议避坑条款（合同重点标注）
"留言【改造】领装修团队名单"

【结尾】
"今晚直播算账！"（计算器音效）
推眼镜："结婚更要精打细算！"

选题8：二手房砍价暗语
【用户痛点】
买家懊恼："中介说底价了，结果隔壁便宜10万！"（撕毁合同音效）

图 3-1-40 批量产出短视频脚本

①税费计算器隐藏功能（手机演示）
②中介费打折话术模板（对话气泡展示）
"保存这份砍价流程图"

【结尾】
"明天揭秘中介洗脑话术！"（警报声）
关注弹窗："买二手房要带脑子！"

第3章 关键岗位场景突破

选题9：劝退增城买房
【用户痛点】
粉丝哭诉："增城房价腰斩，现在卖都卖不掉！"（下跌曲线图）

【情绪钩子】
经纪人怒摔楼盘广告："这5类人千万别碰增城！"（爆炸特效）

【人设】
雨伞造型："劝退过214位买家的阿明忠告"（暴雨背景）
敲警示牌："通勤超1小时就是接盘侠！"

【实用价值】
①替代区域性价比对比表（数据可视化）
②法拍房捡漏预警清单（法院公告截图）
"私信【置换】领解套方案"

【结尾】
"下期曝光惠州深坑盘！"（铲子音效）
推眼镜："买错不如不买！"

选题10：学位占用查询
【用户痛点】
妈妈怒吼："花百万买学位房，结果学位被用了！"（撕碎入学通知）

【情绪钩子】
经纪人亮出手机："广州政务这个隐藏功能能救命！"（红光扫描特效）

【人设】
学校背景："帮89个家庭维权的阿明教学"（锦旗画面）
敲手机屏："重点看这个编号！"

【实用价值】
①查询系统分步指引（屏幕录制）
②教育局内部咨询电话（号码放大）
"保存这条视频防身！"

【结尾】
"明早8点直播查学位！"（上课铃音效）
关注弹窗："孩子上学无小事！"

图 3-1-41 批量产出短视频脚本

拆解竞品直播话术

第一步：上传竞品直播间录屏到飞书妙记，生成完整文字脚本后导出 txt。

共享内容			上传 ▲
文件		共享时间 ↓	上传本地文件
			导入飞书云端文件
	全员周例会 56 分 5 秒	2025年3月1日 下午4:36	...
	03:24-04:18 | : ___ _973 75377167_2024-05-15_... 外部 0 分 53 秒	2025年2月14日 上午11:49	...
	Deepseek x 飞书多维表格教程 外部 3 分 12 秒	2025年2月12日 上午10:21	...
	AI工作沟通 25 分 53 秒	2025年1月3日 上午11:52	...
	'_346028366_2024-07-31_143914 外部 3 小时 42 分 7 秒	2024年12月20日 上午11:07	...
	外部 1 小时 37 分 25 秒	2024年12月5日 上午11:32	...
	l号 外部 1 小时 26 分 58 秒	2024年12月5日 上午11:13	...
	外部 2 小时 1 分 29 秒	2024年12月5日 上午10:15	...

图 3-1-42 拆解竞品直播话术

第 3 章 关键岗位场景突破

图 3-1-43 拆解竞品直播话术

第二步：上传附件到 DeepSeek，输入下面的提示词，获取竞品直播话术。

Plain Text

背景描述：

这是一份关于房产开发商直播的逐字稿，目标观众是购房者，核心目标是分析拆解竞品直播间的优秀话术，让主播提升话术能力。确保内容适合主播阅读理解。

内容描述：

拆解内容需包含开场欢迎话术/互动话术/留资话术/结尾话术四部分。

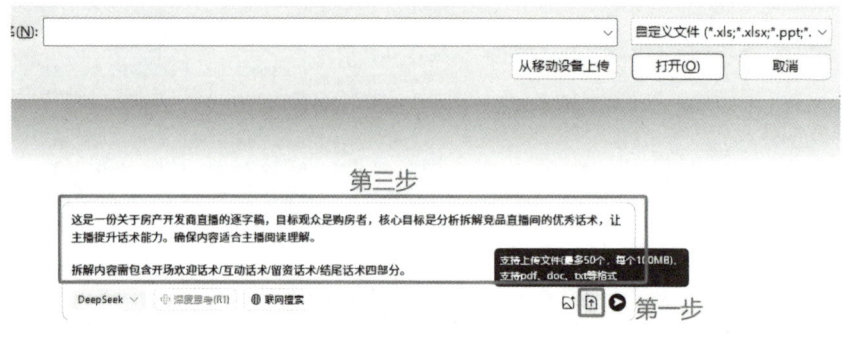

图 3-1-44 拆解竞品直播话术

DeepSeek 会根据你的需求拆解竞品直播话术。

一、开场欢迎话术

策略亮点：

1. **场景代入**：直接点明目标人群（考虑大平层/学区房）
2. **地理绑定**：强调"五象三中旁"核心区位
3. **价值锚定**：用"最小175㎡"快速筛选客户层级

优秀话术示例：

"欢迎大家来我们直播间！最近考虑买大平层（四房、五房）的朋友，如果关注五象学区、商业配套，不妨来万科臻湾悦实地看看。我们项目位于良玉大道23号五象三中旁，主打175-255㎡精装大平层，全屋交付标准4000+/㎡。"

二、互动话术

策略亮点：

第 3 章 关键岗位场景突破

1. **痛点刺激**：针对改善客群强调"纯粹社区"（无小户型/安置户）
2. **场景具象化**：用"老人接送孩子只需提前10分钟"强化便利性
3. **对比话术**：通过"毛坯装修成本≈首付"凸显精装价值

优秀话术示例：

"我们社区84亩地仅建18栋楼，一梯一户双主卧设计。家楼下就是公立幼儿园，老人接送孩子不用奔波。精装含日立中央空调+博士厨电三件套，省下四五十万装修款，相当于首付的钱就能直接入住。"

三、留资话术

策略亮点：

1. **紧迫感营造**：国庆节点+现房稀缺性
2. **利益可视化**：将5万优惠换算为"省下1个月收入"
3. **信任背书**：通过"万科臻系"产品线建立专业权威

优秀话术示例：

"点击下方彩色小风车立即锁定5万专属优惠，国庆前看房优先选好楼层！目前南区现房已交付，准现房年底即可入住。作为万科在广西唯二的臻系产品，这个折扣力度错过不再有。"

图 3-1-45 拆解竞品直播话术

四、结尾话术

策略亮点：

1. **个性化跟进**：针对高频提问ID重点追踪
2. **场景延伸**：用"样板间实拍视频"引导私域转化
3. **行动指令**：明确"关注+私信"双动作

优秀话术示例：

"刚提问210㎡户型的朋友，我已把湖景样板间视频发到私信。点击左上角关注，后台留言『资料』可领取各户型VR实景图。明晚7点直播带看实体楼，锁定房源享额外家电礼！"

总结提升建议

1. **数据强化**：补充"交付1年入住率XX%"等具体数据
2. **竞品对比**：增加与周边华润/建发项目的差异化话术
3. **情绪调动**：加入"业主故事"（如二孩家庭改造案例）
4. **风险化解**：预埋"公区品质保障"话术应对精装疑虑

（注：建议主播在直播中穿插走动镜头展示实体楼外立面/园林实景，增强可信度）

图 3-1-46 拆解竞品直播话术

077

1.6 财务岗

财务岗位是确保企业账务清晰的极其重要的岗位。

以前审 500 张发票要 3 天还怕出错，现在 DeepSeek 自动验真查重，1 小时搞定，错误率从 12% 降到 0.3%；以前手动填税表总担心小数点，现在直接同步金税系统，申报效率猛涨 8 倍；以前季度超支了才发现，现在实时弹窗预警"营销部差旅费已用 80%，还剩 15 天"；以前翻凭证找问题像大海捞针，现在一键扫描揪出 3 笔高风险合同。

财务岗 DeepSeek 常见的使用场景可以查看下面的表格。这个部分主要给大家介绍票据智能归类、智能发票稽核、智能财务分析的三种具体业务场景。

表 3-1-1 财务岗如何利用 DeepSeek 提高工作效率？

应用场景	提示词案例
智能归类票据	这是一批关于 24 年 11 月份企业报销的发票，目标观众是财务经理，核心目标是把所有发票以项目名称进行分类，让财务经理安排报销事宜。确保内容适合职场汇报逻辑。
智能稽核发票	这是五份关于公司 4 月份员工报销的发票，目标观众是员工，核心目标是把所有发票进行信息稽核，让员工重新整理信息错误的发票。确保内容适合职场通知逻辑。
现金流动态预测	这是一份关于某零售咖啡店过去 7 天的现金流数据表，目标观众是老板，核心目标是通过门店以往的现金流表现进行未来动态预测，让老板制订下周的采购计划。
税务自动申报	同步金税系统销项数据与进项台账，请：①自动生成增值税申报表 ②校验表间逻辑（如进项转出与附表差异）③标注可能触发税务稽查的 3 个风险点。输出带数据来源标注的申报文件。
预算执行预警	根据各部门预算执行数据（附件），请：①按超支进度排序（交通费/招待费/采购费）②计算剩余日均可用额度 ③生成分级预警邮件模板（超 50% 黄/超 80% 红）。

续表

应用场景	提示词案例
合规审计辅助	扫描全年采购合同（附金额/供应商/审批流），请：①识别无招标的大额合同（>50万）②标记关联方交易 ③排查签字权限违规。输出风险矩阵图，按严重程度排序。
财务报表生成	整合总账/应收应付/固定资产数据，请：①自动生成三表（含附注）②同比环比变动超5%的科目标黄 ③现金流量表与资产负债表钩稽校验。输出带异常说明的初稿。
成本动因分析	分析制造费用明细（附产量/能耗/人工），请：①拆分固定成本与变动成本 ②识别异常波动（如电费超行业均值30%）③输出降本3项优先建议（设备改造/议价策略）。
应收款追踪	根据账龄分析表（附客户信用评级），请：①生成分级催收策略（账期30天发提醒/60天法务介入）②预测坏账准备金 ③输出TOP5高风险客户清单（超期且金额>10万）。
应付流程优化	检查本月应付款（附合同/入库单/审批单），请：①自动匹配三单一致性 ②计算早付折扣收益（如2/10,n/30条款）③生成资金排期建议（避开纳税申报日）。
审计底稿准备	提取年度财务数据（收入/成本/费用），请：①自动生成科目抽凭清单（按金额>1万且变动率>10%）②标注审计重点关注科目（其他应收款/营业外支出）③输出底稿索引模板。
财务预测建模	基于过去3年数据（收入增长率12%、成本率55%），请：①预测下季度现金流缺口 ②敏感性分析（如收入降5%对利润影响）③输出滚动预测模型（按周更新）。
资产折旧管理	核对固定资产清单（附购入日期/残值率），请：①自动计提本月折旧（区分直线法与加速法）②标记已提足仍使用的资产 ③生成税务折旧调整说明（税法与会计差异）。
外汇风险对冲	根据未结汇订单（100万美元,3个月后收款），请：①计算潜在汇兑损失（按波动率2%测算）②对比远期合约与期权方案成本 ③输出避险策略建议（含历史波动率参考）。

智能归类票据

上传所有扫描票据，输入下面的提示词，智能归类票据。

Plain Text
背景描述：

> 这是一批关于 24 年 11 月份企业报销的发票，目标观众是财务经理，核心目标是把所有发票以项目名称进行分类，让财务经理安排报销事宜。确保内容适合职场汇报逻辑。

第一步：

636	1333	144032409110_48...	244420000005_50...
81.20KB	58.02KB	49.63KB	82.07KB

第二步：这是一批关于24年11月份企业报销的发票，目标观众是财务经理，核心目标是把所有发票以项目名称进行分类，让财务经理安排报销事宜。确保内容适合职场汇报逻辑。

DeepSeek　深度思考(R1)　联网搜索

图 3-1-47 智能归类票据

DeepSeek 会根据你的需求进行票据归类。

以下是针对2024年11月份企业报销发票的分类汇总，按项目名称进行结构化整理，便于财务审核安排：

一、运输服务类报销（客运服务费）

涉及金额：¥1,039.07 | 税额：¥31.17

发票号码	开票日期	购买方企业	销售方企业	价税合
24447000000707579709	2024-12-23	广州数智营销科技	广州祺宸科技	¥16.0
24327000000420933170	2024-11-17	深圳觉醒时代科技	苏州吉利优行电子科技	¥55.8
24122000000073170309	2024-11-17	深圳觉醒时代科技	郑州哈拜网络科技天津分公司	¥64.6
24337000000164891404	2024-11-17	深圳觉醒时代科技	嘉兴领行智享科技	¥98.6
24447000000627471381	2024-11-17	深圳觉醒时代科技	广州优行科技	¥189.5
24327000000042098191	2024-11-17	深圳觉醒时代科技	南京领行汽车服务	¥213.5
42648204	2024-11-17	深圳觉醒时代科技	广州祺宸科技	¥382.0

二、成品油类报销（92#汽油）

涉及金额：¥260.54 | 税额：¥33.87

发票号码	开票日期	购买方企业	销售方企业	备注
24442000000547675518	2024-11-14	广州数智营销科技	广州新登南加油站	44.88升汽油

第 3 章 关键岗位场景突破

三、餐饮服务类报销

总金额：¥4,065.79 | 总税额：¥236.41

(1) 常规餐饮服务

发票号码	开票日期	购买方企业	销售方企业	价税合计
24442000000537790804	2024-11-11	广州数智营销科技	广州圣景柏悦酒店分公司	¥316.00
24442000000537790827	2024-11-11	广州数智营销科技	广州甘荟餐饮管理	¥420.00
24442000000537241781	2024-11-10	深圳觉醒时代科技	广州雅韵轩文化发展	¥422.00
24442000000567176265	2024-11-24	广州数智营销科技	广州和苑酒家	¥636.00

图 3-1-48 智能归类票据

(2) 大额餐饮服务

发票号码	开票日期	购买方企业	销售方企业	价税合计
24442000000542873962	2024-11-12	广州数智营销科技	广州粤向群餐饮	¥1,333.00
48142264	2024-12-02	广州数智营销科技	深圳晟宏餐饮管理	¥371.00
24442000000550965081	2024-11-16	广州数智营销科技	广州唐厨酒家天河分公司	¥193.00

关键观察点

1. **时间范围**：除1张汽油发票（12月23日）外，其余均集中在2024年11月
2. **企业分布**：
   - 广州数智营销科技：7张（含汽油+餐饮）
   - 深圳觉醒时代科技：8张（均为运输服务）
3. **异常标记**：
   - 运输服务含2笔负数冲减（文档2、5）
   - 文档14含二维码查验提示，建议优先核验

建议后续动作

1. 验证跨期发票（2024-12-23）是否符合报销政策
2. 核对运输服务冲减项对应的原始订单
3. 优先处理含查验提示的深圳发票（文档14）

需完整明细清单或个别发票核验支持，可随时提供。

图 3-1-49 智能归类票据

智能稽核发票

上传所有电子发票，输入下面的提示词，完成智能稽核。

> Plain Text
>
> 背景描述：
>
> 这是5份关于公司4月份员工报销的发票，目标观众是员工，核心目标是把所有发票进行信息稽核，让员工重新整理信息错误的发票。确保内容适合职场通知逻辑。
>
> 内容描述：
>
> 企业准确抬头为：
>
> 公司名称：深圳觉醒时代科技有限公司
>
> 纳税人识别号：91440300MA5HLR6M8C

第一步：150.73 136.61KB　385 149.33KB　880 150.13KB　1343 151.23KB

第二步：这是5份关于公司4月份员工报销的发票，目标观众是员工，核心目标是把所有发票进行信息稽核，让员工重新整理信息错误的发票。确保内容适合职场通知逻辑。

企业准确抬头为：
公司名称：深圳觉醒时代科技有限公司
纳税人识别号：91440300MA5HLR6M8C

DeepSeek　深度思考(R1)　联网搜索

图 3-1-50 智能稽核发票

关于4月份报销发票信息稽核的通知

各位同事：

经财务部对4月提交的报销发票进行稽核，发现以下发票信息与公司备案信息不符，请涉及同事于3个工作日内重新开具合规发票。具体问题如下：

一、需重开发票清单

1. 发票文档3/4/5（去哪儿网系列）
   - ✘ 错误项：购买方名称错误
   - 错误内容：深圳市觉醒时代**教育**科技有限公司（91440300MA5EGXFD8D）
   - ☑ 正确要求：
     ‣ 公司全称：**深圳觉醒时代科技有限公司**（无"市"字、无"教育"字样）
     ‣ 纳税人识别号：**91440300MA5HLR6M8C**

2. 发票文档4（淮安去哪儿）
   - ✘ 错误项：价税合计大写不规范
   - 错误内容："x捌佰捌拾圆整"（前缀异常字符）
   - ☑ 正确要求：中文大写金额前不得添加非标准字符

二、合规发票样例

正确要素须同时包含：

```markdown
购买方信息：
名称：深圳觉醒时代科技有限公司
纳税人识别号：91440300MA5HLR6M8C
（地址/开户行栏位可为空）
```

三、注意事项

1. 客运服务发票（文档1/2）已通过校验，无需修改
2. 重开发票需保持原业务内容（如：**运输服务/旅游服务**）
3. 电子发票须完整显示校验码/机器编号等防伪信息
4. 纸质发票需加盖销售方**发票专用章**

四、提交方式

请将修正后的发票重新上传至财务共享平台，备注栏注明"重开原发票号XXX"。

财务稽核部
2024年4月18日

此通知采用「问题定位+整改标准+正向示例」的结构，既明确错误点又提供解决方案，符合职场通知的「精准性」与「可操作性」要求。对敏感信息（如纳税人识别号）采用部分脱敏处理，兼顾信息安全与传达效率。

图 3-1-51 智能稽核发票

现金流动态预测

上传企业现金流报表，输入下面的提示词，完成动态预测。

> Plain Text
>
> 背景描述：
>
> 这是一份关于某零售咖啡店过去 7 天的现金流数据表，目标观众是老板，核心目标是通过门店以往的现金流表现进行未来动态预测，让老板制订下周的采购计划。
>
> 内容描述：
>
> 预测结果需包含基础数据 / 业务模式 / 外部环境 / 预测模型 / 执行方案 5 部分。

图 3-1-52 现金流动态预测

DeepSeek 会根据你的需求进行现金流动态预测。

(以下为专业财务分析师视角的完整预测报告，采用金字塔结构层层递进，核心数据已加粗突显)

一、基础数据穿透分析（单位：元）

```markdown
| 日期         | 日均现金流入 | 日均现金流出 | 净现金流峰值 | 现金流平衡点 |
|--------------|--------------|--------------|--------------|--------------|
| 2023-10-01   | 8,200        | 6,500        | +3,900       | 5,500        |
| 2023-10-07   | 11,500       | 8,000        |              |              |
| 7日均值      | **8,386**    | **6,329**    | 10月6日      | 10月5日      |
```

关键发现：**现金流波动率高达42%**（峰值11,500 vs 谷值5,500），设备维修等突发事件直接吞噬2日利润

二、业务模式解构

```markdown
1. 收入双引擎：
   - 常规收入：日均6,800元（剔除促销/节假日后）
   - 爆发收入：会员日+节假日带来**单日增收45%**

2. 成本敏感点：
   - 原料成本占比58%（正常运营情况下）
   - 设备维护费占意外支出的**72%**
```

三、外部环境预警系统

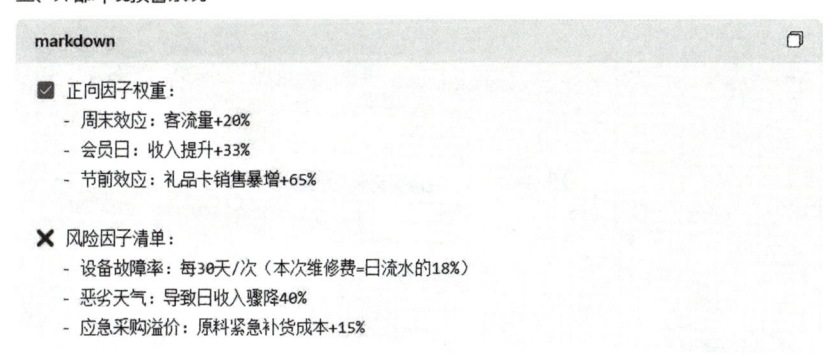

```markdown
☑ 正向因子权重：
   - 周末效应：客流量+20%
   - 会员日：收入提升+33%
   - 节前效应：礼品卡销售暴增+65%

✖ 风险因子清单：
   - 设备故障率：每30天/次（本次维修费=日流水的18%）
   - 恶劣天气：导致日收入骤降40%
   - 应急采购溢价：原料紧急补货成本+15%
```

图 3-1-53 现金流动态预测

四、预测模型构建（采用动态加权算法）

```markdown
下周现金流预测矩阵：

| 预测日   | 基准模型 | 周末加成 | 天气系数 | 最终预测值  |
|----------|----------|----------|----------|-------------|
| 10-09    | 7,200    | -        | -5%      | **6,840**   |
| 10-14    | 8,500    | +25%     | 晴       | **10,625**  |
| 周均值   | 7,800    |          |          | **8,730**   |
```

采购资金安全线：需保持**12,000元**现金流储备（覆盖7日波动+突发事件）

五、执行方案--采购四象限策略

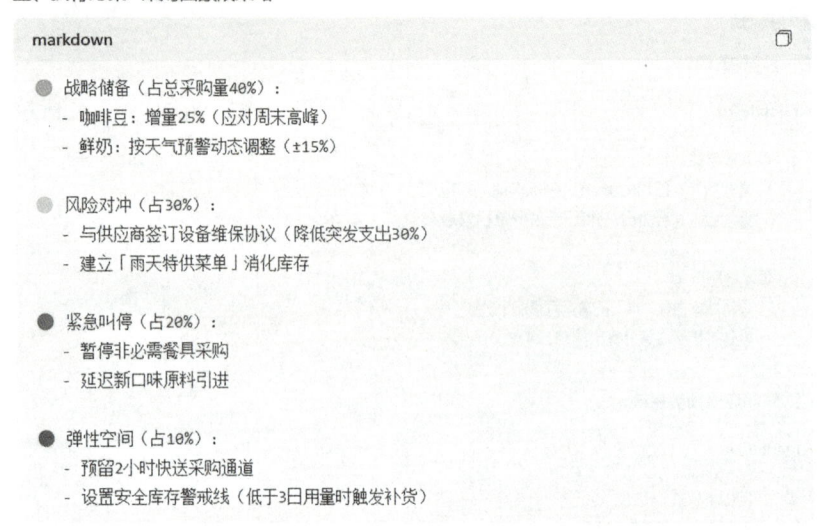

```markdown
● 战略储备（占总采购量40%）：
  - 咖啡豆：增量25%（应对周末高峰）
  - 鲜奶：按天气预警动态调整（±15%）

● 风险对冲（占30%）：
  - 与供应商签订设备维保协议（降低突发支出30%）
  - 建立「雨天特供菜单」消化库存

● 紧急叫停（占20%）：
  - 暂停非必需餐具采购
  - 延迟新口味原料引进

● 弹性空间（占10%）：
  - 预留2小时快送采购通道
  - 设置安全库存警戒线（低于3日用量时触发补货）
```

图 3-1-54 现金流动态预测

1.7 法务岗

法务岗位是能够避免企业发生法律风险的关键岗位。

以前审合同得逐字抠条款，现在 DeepSeek 自动抓取"赔偿上限""管辖地"等关键点，300 页合同 10 分钟出风险清单，错误率从 18% 降到 2%；以前查新法规得刷半天官网，现在每天自动推送"劳动法修订第 5.2 条影响竞业协议"；以前处理纠纷翻案例库像大海捞针，现在输入案情秒匹配 3 个相似判例，应诉策略生成快 3 倍；以前做合规培训全靠手动攒材料，现在自动生成"数据出境合规"情景题库，员工考试通过率从 65% 飙到 92%。省下的时间能提前堵住 3 个合规漏洞，把诉讼成本砍掉一半。

这个部分主要给大家介绍合同条款冲突检测、合同风险即时筛查、法律文书模板生成的三种具体业务场景。

检测合同条款冲突

上传合同附件，输入下面的关键词，检测合同条款是否存在冲突。

> Plain Text
> 背景描述：
> 这是一份关于扶余法院 2024 年—2026 年度物业管理服务项目的合同，目标观众是甲乙双方，核心目标是检查合同所有条款是否存在互相冲突，促使双方完成物业合同签订。确保内容遵守法律条款约束逻辑。
>
> 内容描述：
> 检测内容需包含服务内容/收款方式/甲方权利、责任和义务/乙方权利、责任和义务/特别说明五部分。

图 3-1-55 检测合同条款冲突

DeepSeek 会根据你的需求检测合同条款并给予反馈。

一、服务内容（第一条）

1. **条款内容**：明确车辆维护、保洁、设备维护、工作环境管理四大服务内容。
2. **潜在冲突**：
   - 未明确"附属设施"具体范围，可能导致服务边界争议。
   - 第四条约定聘用29名人员，但未与服务内容所需人力匹配，存在执行风险。
3. **法律合规性**：
   - 符合《物业管理条例》对服务范围的原则性规定，但需补充细化服务标准。

二、收款方式（第五条、第七条、第三十八条）

1. **条款内容**：
   - 按月支付，每人每月80元，以结算清单为准。
   - 每月25日前付款，延迟按1‰支付违约金。
2. **潜在冲突**：
   - 第五条"费用包含社保、管理费"与第八条"社保明细表另行约定"存在核算方式不明确。
   - 第六条的半月/整月计算规则未明确是否适用于违约金条款。
3. **法律合规性**：
   - 违约金比例（日1‰）低于《民法典》584条法定上限（LPR四倍），合法有效。

三、甲方权力、责任和义务（第九条-第二十条）

1. **关键条款**：
   - 负责招聘、劳动合同、社保缴纳及工伤申报。
   - 不得擅自调换人员（第十六条）。
2. **潜在冲突**：
   - 第十七条工伤责任划分中，若乙方未及时付款导致保险未生效，责任由乙方承担，但未明确甲方是否需同步监督缴费。
   - 第十八条索赔协助义务未约定时限，可能影响执行效率。
3. **法律合规性**：
   - 第十六条限制调换人员与《劳动合同法》第四十条（无过失性辞退）存在潜在冲突，需补充例外情形。

四、乙方权力、责任和义务（第二十一条-第三十一条）

1. **关键条款**：
   ↓

图 3-1-56 检测合同条款冲突

- 制定规章制度、调整岗位（需协商）、承担工资增长费用。
- 监督甲方合同履行情况。

2. **潜在冲突：**

- 第二十三条岗位调整需"协商一致"，与第二十一条"按规章制度管理"存在权限矛盾。
- 第二十五条工资增长机制未明确调整频率和标准，可能引发争议。

3. **法律合规性：**

- 第二十九条要求乙方配合工伤处理，符合《工伤保险条例》第十七条申报义务。

五、特别说明（第三十二条-第四十八条）

1. **核心条款：**

- 退回人员条件、保密义务、试用期、经济补偿责任。

2. **潜在冲突：**

- 第三十二条退回人员适用《劳动合同法》第三十九条（过失性辞退），但第四十四条试用期退回未明确是否需证明"不符合录用条件"。
- 第三十四条工伤误工费由乙方承担，与第十七条"甲方负责工伤保险赔付"存在责任交叉。

3. **法律合规性：**

- 第四十四条保密条款未约定脱密期，不符合《保守国家秘密法》第十五条对涉密人员管理要求，建议补充。

综合改进建议

1. **服务内容：** 补充《物业服务标准清单》作为附件，量化保洁频次、设备维护周期等。
2. **费用核算：** 明确社保费用计算基数及管理费比例，避免第八条与第五条冲突。
3. **人员管理：**

- 细化第十六条"乙方同意"的书面流程。
- 第四十四条试用期退回需约定考核标准。

4. **法律风险：**

- 补充保密协议及竞业限制条款。
- 第三十四条增加"安全隐患认定标准"。

5. **争议解决：** 明确仲裁/诉讼管辖地（建议约定乙方所在地法院）。

结论： 合同框架合法，但需通过补充附件细化执行标准，并修正5处条款矛盾点（重点：服务边界、费用核算、工伤责任、保密义务），即可推进签约。

图 3-1-57 检测合同条款冲突

即时筛查合同风险

上传合同附件，输入下面的关键词，即时筛查合同风险。

Plain Text

背景描述：

这是一份关于扶余法院 2024 年-2026 年度物业管理服务项目的合同，目标观众是甲乙双方，核心目标是筛查合同所有条款是否存在隐藏风险，保障双方权益。确保内容遵守法律条款约束逻辑。

内容描述：

筛查内容需包含服务内容/收款方式/甲方权利、责任和义务/乙方权利、责任和义务/特别说明五部分。

图 3-1-58 合同风险筛查报告

DeepSeek 会根据你的需求即时筛查合同风险。

合同风险筛查报告（扶余法院物业管理服务协议）

一、服务内容风险筛查

1. 条款模糊性风险

- 第一条（四）款 "为乙方创造良好、有序的工作环境" 表述过于笼统，未明确具体标准或量化指标，易引发服务效果争议。
- 建议：补充具体服务标准（如保洁频次、设备维护周期等）或引用行业规范。

2. 责任边界不清晰
- 第一条（一）款"办公车辆使用、维修、保养"未明确车辆损坏责任的划分（如人为操作失误或自然损耗）。
- 建议：增加"车辆损坏责任由过错方承担"条款，并约定维修流程。

二、收款方式风险筛查

1. 费用计算争议风险
- 第五条（二）款"每人每月80元"未说明是否包含社保、管理费等，可能引发费用拆分争议。
- 建议：明确费用构成（如工资、社保、管理费比例），并附《费用明细表》。

2. 违约金比例过高
- 第三十八条约定"延迟付款每日1‰违约金"，年化利率达36.5%，可能被法院认定为过高（《民法典》第585条）。
- 建议：调整为"同期LPR的1.3倍"或"每日0.5‰"。

三、甲方权责风险筛查

1. 工伤保险真空期责任
- 第十七条约定"工伤保险未生效期间责任按过错划分"，但未明确"生效期"定义（如缴费后次日或次月）。
- 建议：补充"工伤保险自缴费之日起生效，缴费前风险由责任方承担"。

2. 人员调换限制过严
- 第十六条"未经乙方同意不得调换人员"可能影响甲方合理用工调整权。
- 建议：增加"因人员失职或健康原因，甲方可提前3日通知乙方调换"。

图 3-1-59 合同风险筛查报告

四、乙方权责风险筛查

1. **岗位调整权受限**
   - 第二十三条要求"调整岗位需协商一致",超出《劳动合同法》第四十条允许的单方调整范围(如不胜任工作)。
   - **建议**:补充"乙方可依据考核结果单方调整岗位,但需提供培训或书面说明"。

2. **工资增长机制缺失**
   - 第二十五条"工资增长费用由乙方承担"未约定具体调整标准或触发条件。
   - **建议**:明确"参照吉林省最低工资标准或CPI涨幅每年调整一次"。

五、特别说明风险筛查

1. **试用期约定冲突**
   - 第四十四条"试用期一个月"与两年合同期限匹配(合法),但未约定试用期考核标准。
   - **建议**:补充"试用期考核由甲乙双方共同制定,不合格者需书面说明理由"。

2. **保密条款过于宽泛**
   - 第四十四条(五)款"保密义务"未定义保密范围及期限,可能被认定无效。
   - **建议**:明确"保密期限为合同终止后2年,范围包括案件信息、内部文件等"。

高风险条款总结

条款	风险点	法律依据	修改建议
第三十八条	违约金比例过高	《民法典》第585条	调整为每日0.5‰或LPR1.3倍
第十七条	工伤保险生效期不明确	《工伤保险条例》第62条	明确缴费后次日生效
第二十三条	岗位调整权受限	《劳动合同法》第40条	补充乙方单方调整情形

结论

合同整体框架合法,但存在**费用界定模糊、责任划分不清、违约金过高**等核心风险。建议补充附件细化服务标准、费用明细及考核机制,并调整争议条款以符合《民法典》《劳动合同法》要求。双方应另行签署《保密协议》及《岗位职责说明书》作为补充附件。

图 3-1-60 合同风险筛查报告

生成法律文书模板

输入下面的关键词，获取法律文书模板。

> Plain Text
>
> 背景描述：
>
> 我需要制订一份关于广州数智营销科技有限公司直播器材采购的法律文书模板，核心目标是形成标准法律文书模板，便于我完成采购合同的签订。确保内容遵守法律条款约束逻辑。
>
> 内容描述：
>
> 目前选定器材为索尼的 Alpha 6700 微单相机，产品费用为 9999 元，计划于 2025 年 4 月 1 日前完成采购，模板内容需包含服务条款/费用支付/交付验收/权利义务/违约责任/特殊风险/争议解决/其他说明八部分。

我需要制定一份关于广州数智营销科技有限公司直播器材采购的法律文书模板，核心目标是形成标准法律文书模板，便于我完成采购合同的签订。确保内容遵守法律条款约束逻辑。

目前选定器材为索尼的Alpha 6700微单相机，产品费用为9999元，计划于2025年4月1日前完成采购，模板内容需包含服务条款/费用支付/交付验收/权利义务/违约责任/特殊风险/争议解决/其他说明八部分。

DeepSeek ∨　深度思考(R1)　联网搜索

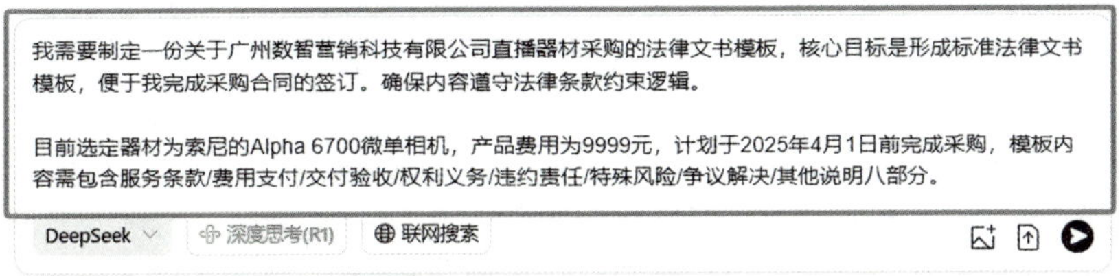

图 3-1-61 生成法律文书模板

DeepSeek 会根据你的需求生成法律文书模板。

广州数智营销科技有限公司直播器材采购合同

合同编号：_____
签订日期：_____

甲方（采购方）：
名称：广州数智营销科技有限公司
地址：_____
联系人：_____

乙方（供应方）：
名称：_____
地址：_____
联系人：_____

第一条 服务条款

1. 甲方委托乙方采购 **索尼Alpha 6700微单相机**（含标配镜头、电池、存储卡等配件），数量：___台，单价：人民币9,999元，总金额：人民币____元（大写：____）。
2. 乙方承诺所供产品为全新正品，符合国家质量标准并提供合法来源证明及保修凭证。

第二条 费用支付

1. 付款方式：
   - 合同签订后3日内，甲方向乙方支付全款（¥____元）；
   - 乙方收到款项后开具等额增值税专用发票。
2. 支付账户以乙方书面确认为准，因账户错误导致的损失由责任方承担。

第三条 交付验收

1. 交付时间：乙方应于 **2025年4月1日前** 完成供货。
2. 交付地点：_____（甲方指定地址），运费由____方承担。
3. 验收标准：到货后3个工作日内，甲方按产品说明书及国家质量标准验收。若存在瑕疵或配件缺失，乙方须在5日内更换/补发，逾期视为违约。

第四条 权利义务

甲方权利：
- 要求乙方按时交付合格产品；
- 退换货及索赔（依据违约责任条款）。 ↓

图 3-1-62 生成法律文书模板

乙方义务：
- 按约定交付产品并提供技术支持；
- 保修期内免费维修（非人为损坏），保修期自验收合格日起1年。

第五条 违约责任

1. 逾期交付/付款：违约方按日支付合同总额 **0.05%** 的违约金，超15日守约方可单方解除合同。
2. 产品质量问题：乙方须退还全款并承担甲方直接损失。
3. 违约金总额不超过合同总金额的 **20%**。

第六条 特殊风险

1. 不可抗力（如自然灾害、政策调整）导致无法履约，受影响方需10日内书面通知，可部分或全部免责。
2. 若产品停产/升级，乙方应提供同档次替代型号并经甲方书面确认，否则退还已收款。

第七条 争议解决

1. 争议应协商解决；协商不成，提交 **广州仲裁委员会** 仲裁。
2. 仲裁期间，无争议条款继续履行。

第八条 其他说明

1. 本合同自双方签字盖章生效，一式两份，附件（产品清单/验收标准）具同等效力。
2. 未尽事宜以补充协议为准，修改需书面形式。

甲方（盖章）：　　　　　**乙方（盖章）：**
授权代表签字：_____　　　授权代表签字：_____
日期：_____　　　　 日期：_____

注意事项：

1. 模板中空白信息需根据交易实际情况填写；
2. 建议签约前由专业法务审核，确保条款与最新法规及交易需求匹配；
3. 重点核对金额、交付节点、验收标准及违约责任等关键条款。

（注：本模板基于《民法典》《合同法》等制定，具体适用以实际法律政策为准。）

图 3-1-63 生成法律文书模板

第 2 节 企业组织能力突破

2.1 基于知识库提升企业组织能力

什么是知识库？简单来说，它可以把专业的知识变得像问朋友一样方便，而且这个"朋友"不会记错、不会不耐烦，还能从海量信息中快速挑出你需要的内容，帮你省时省力避坑。无论是学习、工作还是生活琐事，随时都能用自然对话的方式得到帮助。

知识库是存储和管理信息的智能系统，通过 AI 技术（如自然语言处理、机器学习）高效组织和检索数据。它能自动整合文本、图像等多类信息，动态更新内容，用于智能客服、推荐系统等场景，帮助我们快速获取精准答案或决策支持。

知识库就像一个随时待命的超级智能助手，它的价值可以用几个简单的点说清楚：

1. 海量信息，啥都能问

无论是学生写作业查资料、上班族找行业报告，还是生活中想学做菜或修家电，它都能提供答案。就像随身带着百科全书＋专业图书馆，覆盖各个领域。

2. 信息靠谱，少踩坑

它的内容经过筛选和验证，比如会告诉你权威机构的统计数据，而不是随便抄的网络谣言。比如问"吃维生素 C 能治感冒吗？"，它会根据医学研究给出科学回答。

3. 紧跟热点，不落伍

比如最新 AI 技术、政策变化或国际新闻，它都能及时更新。就像有个朋友天天帮你盯着世界的新动态，随时向你汇报。

4. 听得懂人话，互动聪明

不用记关键词，像聊天一样提问。比如问"我想减脂该怎么吃？"之后，接着问"那如果加班没时间做饭呢？"，它能理解上下文，给出适合的快手健康餐建议。

5. 复杂问题也能拆解

比如问"怎么开一家奶茶店？"，它会分步骤讲选址、办证、选设备、定价策略等，帮你理清思路，相当于有个创业顾问随时解答。

2.2 搭建知识库几种常见方案

表 3-2-1 搭建知识库几种常见方案

使用方案	优点	劣势
初阶： ima+ 知识库 / 秘塔搜索 + 知识库	1. 易用性高 ○ima 支持多端同步（PC/ 小程序 /App），可直接从微信收藏夹、聊天记录导入文件；秘塔搜索提供无广告界面和智能搜索建议，适合快速检索。 ○操作门槛低，无需编程基础，适合普通用户快速搭建知识库。	1. 存储与功能限制 ○IMA 个人知识库容量仅 1-2G，文件解析超过 1000 页易出错；秘塔搜索对非学术文档处理能力较弱，且无法多轮对话。

续表

使用方案	优点	劣势
初阶： ima+知识库/秘塔搜索+知识库	2. 功能集成全面 ○ima整合OCR文字提取、智能写作、多模态解析（图片/PDF/网页）；秘塔搜索支持法律翻译和学术文献解析。 ○两者均提供免费基础版（IMA 1-2G存储，秘塔无容量限制）。 3. 协作便捷性 ima支持共享知识库权限管理，适合小团队协作；秘塔搜索可生成标准化引用格式，适合学术场景。	2. 专业深度不足 IMA答案引用仅到文件层级，缺乏段落定位，影响严谨性；秘塔搜索结果依赖网络信源，准确性需人工复核。
中阶： 硅基流动api+cherry studio	1. 灵活性与扩展性 ○硅基流动支持多模型接入（如DeepSeek R1、Janus Pro），可定制推理参数；Cherry Studio提供300+预配置AI助手，支持本地部署和API混合架构。 ○无存储限制，适合构建大型专业知识库。 2. 专业场景适配 ○支持复杂格式文档（代码/流程图）和私有化部署，数据隔离性强，适合金融、法律等敏感领域。 3. 成本可控 硅基流动提供免费额度（2000万Token），按需付费模式适合中小规模用户。	1. 技术门槛较高 ○需配置API密钥和模型参数，非技术人员上手困难；文档解析质量依赖嵌入方案选择，效果弱于云端服务。 2. 维护复杂度 ○本地部署需高端GPU支持，更新依赖社区，稳定性存疑。
高阶： 飞书知识库+扣子	1. 企业级生态整合 ○深度集成飞书协作生态（日程/审批/云文档），支持一键发布到飞书群、微信公众号，适合中大型团队。 ○扣子提供工作流设计、数据库管理功能，可自动化处理复杂任务（如舆情监控、报告生成）。 2. 数据治理能力强 ○知识库支持实时网页抓取和API数据同步，结合长期记忆变量，适合动态知识更新。 3. 多模态支持完善 扣子内置60+插件（搜索/图像生成），可调用外部服务扩展能力，满足创意类需求。	1. 依赖飞书生态 ○非飞书用户需额外适应其操作逻辑；Bot发布渠道局限于飞书/微信服务号，灵活性受限。 2. 配置复杂度高 工作流和数据库设计需逻辑编排能力，普通用户需学习成本；企业版费用较高。

这里我将以ima+知识库为例，为大家介绍清楚，知识库的价值点与具体操作步骤。

2.3 搭建 ima+ 知识库的具体操作步骤

ima 是目前少有的能通过微信小程序直接使用 DeepSeek R1 深度思考功能的工具，同时支持多端同步（PC/ 小程序 /App），接下来我会为大家介绍 PC 与小程序的操作步骤。

小程序：

第一步：在微信上方的搜索栏输入 ima 知识库。

图 3-2-1 小程序搭建 ima+ 知识库

第二步：打开 ima 知识库，主页中间或右上角按钮都可直接导入文件，搭建你的知识库，支持微信文件 / 本地相册 / 拍照三种形式。

图 3-2-2 小程序搭建 ima+ 知识库

图 3-2-3 小程序搭建 ima+ 知识库

第三步：点击左下角小灯泡，可选择基于全网提问/基于知识库提问。

图 3-2-4 小程序搭建 ima+ 知识库

第四步：点击对话框进入对话界面，左侧选择 DeepSeek R1 即可提问知识库。

图 3-2-5 小程序搭建 ima+ 知识库

PC 端：

第一步：进入 ima 官网（ima.qq.com）可下载 PC/Mac 客户端。

图 3-2-6 PC 端搭建 ima+ 知识库

第二步：打开 ima 进行首页，左侧点击小灯泡即可打开知识库。

图 3-2-7 PC 端搭建 ima+ 知识库

第三步：进入知识库界面，点击右下角即可更换 DeepSeek R1。

第 3 章 关键岗位场景突破

个人知识库

图 3-2-8 PC 端搭建 ima+ 知识库

第四步：点击知识库文件右上角··，可编辑标签。

个人知识库

图 3-2-9 PC 端搭建 ima+ 知识库

103

第五步：在此界面即可提问知识库，输入 #，可指定标签进行问答。

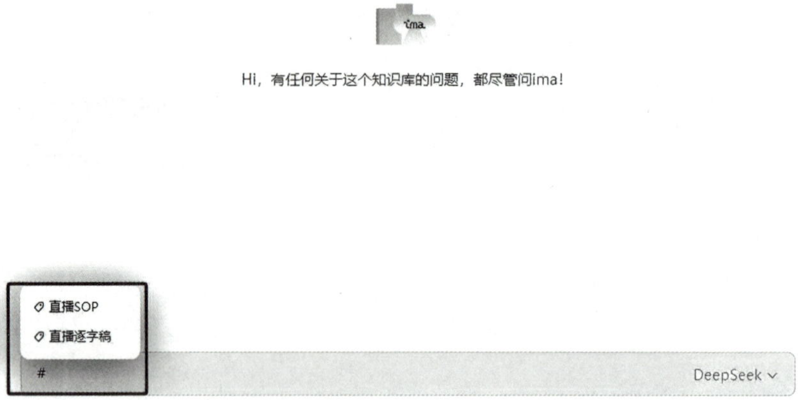

图 3-2-10 PC 端搭建 ima+ 知识库

第4章 外部工具协同职场进阶

通过 DeepSeek 与常用办公软件的深度联动，原本需要 3 天的手动操作，现在只需 3 小时就能完成。

第 1 节 办公协作类工具整合

在日常办公中，我们常面临文档处理低效、数据分析耗时、PPT 制作烦琐等问题。本节将系统讲解如何通过 DeepSeek 与 WPS、Kimi 等工具联动，实现文档智能生成、数据自动分析、PPT 一键制作等场景，让办公效率提升 300%。掌握这些方法后，您将告别加班改文档的苦恼，轻松产出专业级工作成果。

1.1 DeepSeek + WPS / Office：一键提高文档处理效率

在职场中，撰写报告、分析数据、优化文案是高频且需深度投入的任务。无论是整理海量信息生成结构化文档，还是从复杂数据中提炼洞察，传统流程往往耗时费力。如今，WPS 内嵌 DeepSeek，直接在文档中调用 DeepSeek 能力，省掉了频繁切换工具的时间，效率直接翻倍。

当前 WPS 灵犀具备的功能包含 AI 写作、AI PPT、AI 搜索、AI 阅读这四大类。

AI 写作：短文写作（工作汇报、工作计划、发言稿、群发公告等）、长文写作（调研报告、事迹材料、心得体会、商业计划书等）、生成思维导图。

AI PPT：根据主题及要求生成 PPT。

AI 阅读：支持上传文件、粘贴网址的形式输入素材，让灵犀解读课文、论文、网页等。

WPS 灵犀新话题中可以快速选择搜全网、读文档、生成图像、快速创作、生成 PPT、长文写作、数据分析、网页摘要、生成思维导图，只需点击即可进入快捷生成界面，操作简单又方便。

DeepSeek + WPS 常见的使用场景可以查看下面的表格。

表 4-1-1 DeepSeek + WPS 常见使用场景

应用场景	使用工具	提示词示例
快速生成工作总结报告	WPS AI	基于 2023 年第三季度的销售数据，生成一份部门工作总结，重点突出增长点和改进建议。
自动整理复杂表格数据	WPS 灵犀	将市场调研原始数据按地区、产品类别分类汇总，并计算各区域销售额占比。
一键优化 PPT 排版设计	WPS 灵犀	将当前 20 页产品发布会 PPT 调整为商务简约风格，统一字体配色，并添加动态切换效果。
智能撰写商务邮件	WPS AI	用中英双语起草一封催款邮件，语气礼貌但紧迫，附上未付款订单编号和截止日期。
合同条款风险审查	WPS AI	检查劳动合同中关于竞业禁止和违约责任的条款是否符合最新劳动法规定，并标出潜在风险点。
会议纪要结构化整理	WPS 灵犀	将 1 小时项目讨论会的录音文件转换为文字，提取关键决策事项并生成任务分工表。
多语言实时翻译文档	WPS AI	将技术手册从中文翻译为英文，保持专业术语准确性，格式与原文保持一致。
自动生成数据分析图表	WPS 灵犀	根据近半年财务支出明细表，生成可视化趋势图，按部门、费用类型展示 TOP 5 开销项目。
快速创建项目计划模板	WPS AI	生成一份新产品上线甘特图模板，包含需求确认、开发、测试、推广阶段，时间跨度为 3 个月。
智能校对文档格式错误	WPS 灵犀	检查当前 10 页投标文件中标题层级、页码编号、图表标注是否规范，并自动修正格式错误。

这个章节讲解如何使用 WPS 快速创作、如何使用 WPS 分析数据、如何在文稿中调用 AI 润色文案这三种应用场景。

表 4-1-2 不同应用场景的操作步骤

场景	步骤序号	说明	提示词参考
WPS 灵犀快速生成群发公告	1	打开 WPS，左侧找到灵犀	/
	2	点击快速创作	/
	3	选择群发公告，打开 DeepSeek R1	/
	4	输入提示词，生成详细内容	背景描述： 撰写一条发布在学员群的阶段成果晾晒 主要内容： 1、短视频冲刺营第二阶段数据晾晒 2、直播激励满 3 场公布（海报 3 人） 3、短视频投放公布 4、注意事项与 TOP 鼓励
WPS 灵犀生成图表和数据分析报告	1	打开 WPS，左侧找到灵犀	/
	2	点击数据分析	/
	3	选择 WPS 文件/本地上传，导入数据表格	/
	4	输入提示词，生成对应内容	背景描述： 分析福建区域前后三个月的数据变化。 数据分析维度： 从发布量、直播场次、直播时长判断学员的积极性，从短视频播放数据和线索数据运营能力，生成一份 2024 年度运营成果汇报分析报告。
	5	生成可视化图表，及详细数据报告	/

第 4 章 外部工具协同职场进阶

续表

场景	步骤序号	说明	提示词参考
WPS 文稿一键生成讲话稿，并完成润色	1	新建空白文档，默认弹出 AI 帮我写入口	/
	2	选择讲话稿	/
	3	根据提示将提示指令填充完整，即可生成一篇结构完整的讲话稿	/
	4	全选文稿，右键选择快速润色	/
	5	润色完成，可一键替换原文稿，如果不满意，可选择调整、重写或弃用	/

WPS 灵犀：输入群发内容，快速生成群发公告

第一步：打开 WPS，左侧找到灵犀。

图 4-1-1 WPS 灵犀入口

109

第二步：点击快速创作。

图 4-1-2 WPS 灵犀快速创作入口

第三步：选择群发公告，打开 DeepSeek R1。

图 4-1-3 群发公告入口及设置

第四步：输入提示词，生成详细内容。

这里的快速创作已经默认了是作为群发公告使用，所以提示词可以相对简单一些。以下是基本的提示词框架结构。

Plain Text

背景描述：

撰写一条发布在学员群的阶段成果晾晒

主要内容：

1、短视频冲刺营第二阶段数据晾晒

2、直播激励满3场公布（海报3人）

3、短视频投放公布

4、注意事项与TOP鼓励

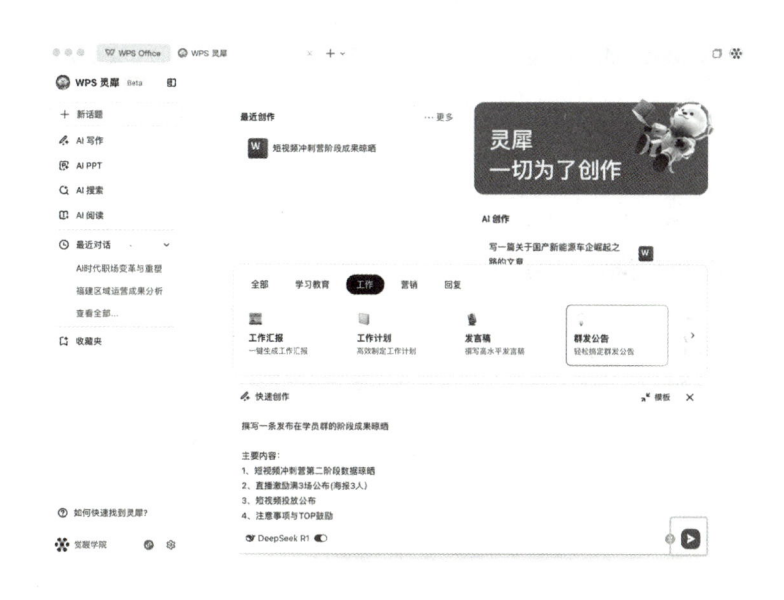

图 4-1-4 WPS 灵犀群发公告提示词输入

DeepSeek 极速办公

图 4-1-5 WPS 灵犀群发公告内容生成

WPS 灵犀：导入 excel 表格，根据需求生成图表和数据分析报告

第一步：打开 WPS，左侧找到灵犀。

图 4-1-6 WPS 灵犀入口

112

第 4 章 外部工具协同职场进阶

第二步：点击数据分析。

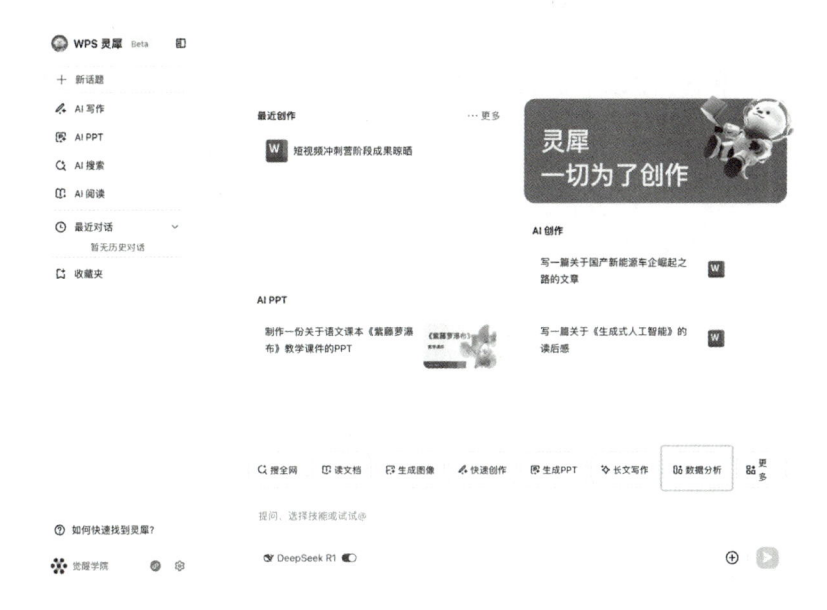

图 4-1-7 WPS 灵犀数据分析入口

第三步：选择 WPS 文件 / 本地上传，导入数据表格。

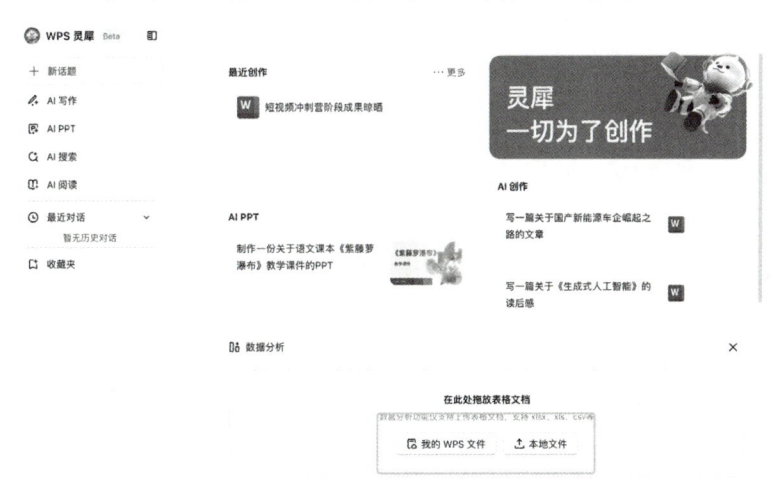

图 4-1-8 WPS 灵犀数据分析上传表格

第四步：输入提示词，生成对应内容。

这里的快速创作已经默认了是作为群发公告使用，所以提示词可以相对简单一些。以下是基本的提示词框架结构。

> Plain Text
>
> 背景描述：
>
> 分析福建区域前后三个月的数据变化。
>
> 数据分析维度：
>
> 从发布量、直播场次、直播时长判断学员的积极性，从短视频播放数据和线索数据运营能力，生成一份2024年度运营成果汇报分析报告。

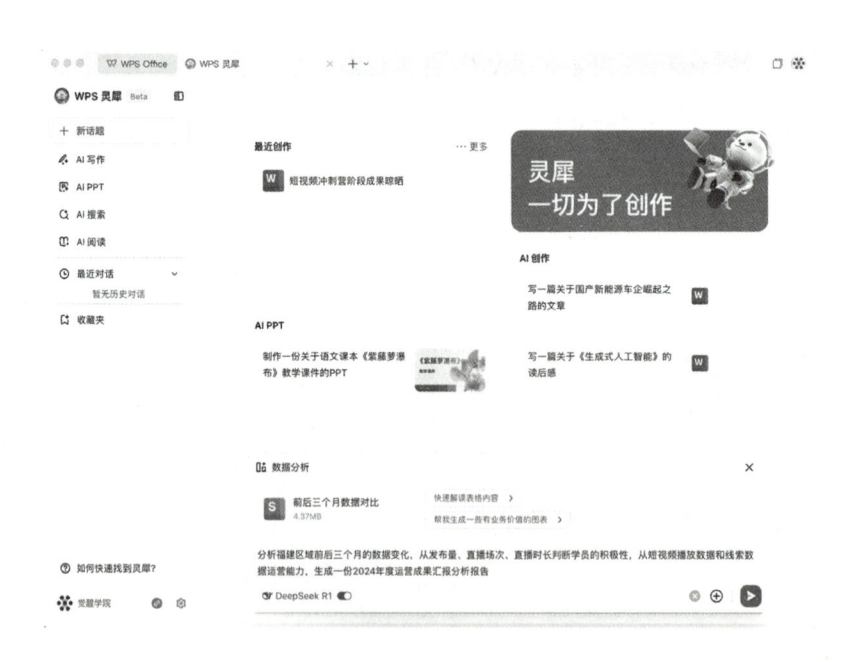

图 4-1-9 WPS 灵犀数据分析提示词输入

第 4 章 外部工具协同职场进阶

第五步：生成可视化图表，及详细数据报告。

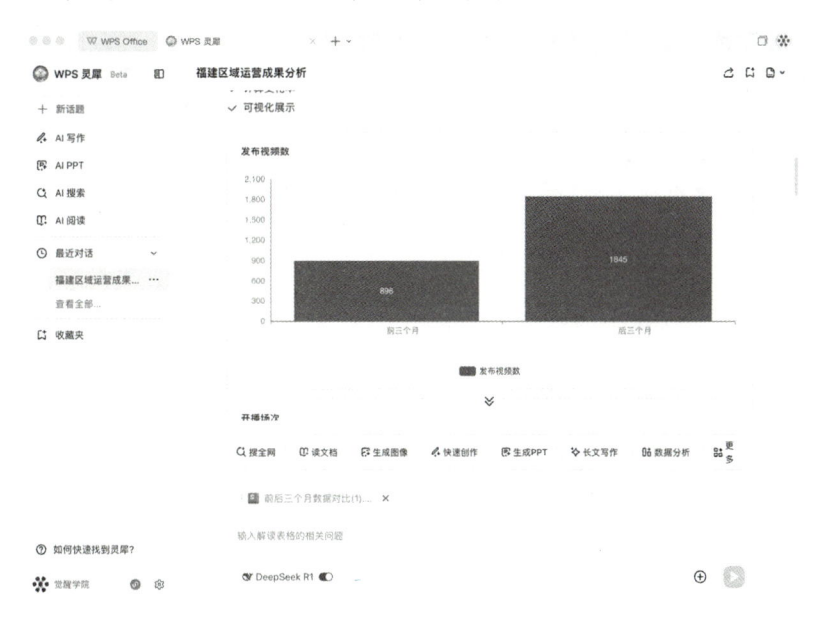

图 4-1-10 WPS 灵犀数据分析可视化展示

图 4-1-11 WPS 灵犀数据分析内容生成

115

WPS 文稿调用 AI 快捷指令：不需要指令词也能生成讲话稿，并完成润色

第一步：新建空白文档，默认弹出 AI 帮我写入口。

图 4-1-12 WPS 文档页面

第二步：选择讲话稿。

图 4-1-13 AI 帮我写讲话稿入口

第三步：根据提示将提示指令填充完整，即可生成一篇结构完整的讲话稿。

第 4 章 外部工具协同职场进阶

图 4-1-14 AI 帮我写讲话稿指令填充

图 4-1-15 AI 帮我写讲话稿内容生成

117

第四步：全选文稿，右键选择快速润色。

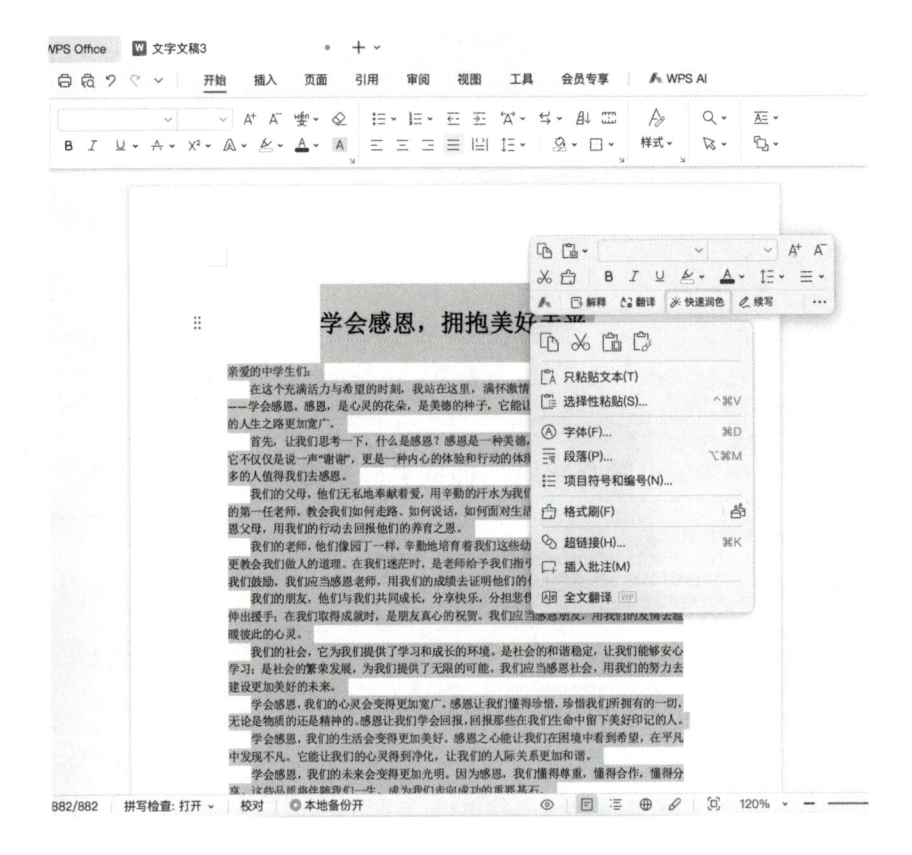

图 4-1-16 WPS 文稿快速润色入口

第五步：润色完成，可一键替换原文稿，如果不满意，可选择调整、重写或弃用。

图 4-1-17 WPS 文稿快速润色内容生成

1.2 DeepSeek + Kimi：一键生成 PPT

PPT 制作是职场人最常见工作场景之一，目前利用 DeepSeek+Kimi，可以极大地提升 PPT 的制作效率。这个章节主要给大家介绍两种 AI 自动生成 PPT 的方式。

初阶玩法更多适用于比较简单的 PPT 生成，利用的是 Kimi 里面 AIPPT 能力，效率高，基本上输入你要的 PPT 主题就能生成一个比较符合要求的 PPT，是免费的。但这里面有个缺点就是内容的可控性稍微弱一些，比较复杂和比较有针对性的需求比较难实现。

当有较复杂需求或定制化内容时，就可以用高阶玩法。即用 DeepSeek 来生成定制化的内容，并输出 Markdown 格式，再将对应的内容复制到 AIPPT 官网来生成 PPT。优点是内容详细、更加偏定制化。缺点是下载 PPT 的时候，是收费的。

表 4-1-3 DeepSeek + Kimi 常见使用场景

应用场景	使用工具	提示词示例
项目进度汇报	Kimi	生成项目进度汇报 PPT 大纲，包含项目目标、当前完成阶段、关键成果、风险点及下一步计划。
新产品发布介绍	Kimi	生成产品功能说明 PPT 框架，涵盖核心功能、技术优势、目标用户群体、市场定位及竞品对比分析。
内部培训材料	Kimi	生成新员工培训 PPT 内容结构，包括公司文化、部门职责、工作流程、常见工具使用指南及考核标准。
销售提案展示	Kimi	生成客户解决方案提案 PPT 提纲，需包含客户痛点、解决方案、实施周期、预算分配及预期投资回报率。
年度工作总结	Kimi	生成部门年度总结 PPT 框架，总结全年业绩数据、重点项目成果、团队贡献、待改进问题及下年度核心目标。
市场分析报告	DeepSeek+AIPPT	生成行业趋势分析 PPT 大纲，包含市场规模、竞争格局、消费者行为变化、潜在机会及风险预警，Mermaid 格式输出。
季度 KPI 复盘会议	DeepSeek+AIPPT	生成 KPI 复盘 PPT 内容结构，涵盖目标完成度、关键指标分析、成功案例、未达标原因及改进措施，Mermaid 格式输出。
技术方案讲解	DeepSeek+AIPPT	生成技术实施方案 PPT 框架，说明技术原理、实施步骤、资源需求、测试验证方法及应急预案，Mermaid 格式输出。
团队建设活动策划	DeepSeek+AIPPT	生成团建方案 PPT 提纲，包括活动目标、可选方案对比（户外拓展/主题工作坊）、日程安排、预算分配及效果评估方式，Mermaid 格式输出。

续表

应用场景	使用工具	提示词示例
客户案例研究	DeepSeek+AIPPT	生成客户成功案例 PPT 大纲，包含客户背景、核心需求、实施过程、成果量化指标及客户证言，Mermaid 格式输出。

下面介绍一下初阶和进阶两种玩法的具体操作步骤。

表 4-1-4 不同玩法的操作步骤

场景	步骤序号	说明	提示词参考
初阶玩法：直接在 Kimi 里面自动生成 PPT	1	在 Kimi 官网，左侧找到 Kimi+，点进去找到 PPT 助手	/
	2	输入提示词，获取 PPT 内容	背景描述： 这是一份关于 2025 年一季度工作总结的 PPT，目标观众是老板，核心目标是展示 2025 年一季度的工作成果，让老板批准我们的二季度预算。确保内容适合职场汇报逻辑。 内容描述： 框架需包含封面/目录/工作回顾/成果展示/问题分析/未来计划六部分，章节需分为 3-5 模块。请用金字塔原理划分结构：章节标题须呈现核心结论，子论点按 MECE 原则互斥穷尽。
	3	Kimi 会自动生成内容大纲，点击一键生成 PPT	/
	4	选择模板场景、设计风格和主题颜色，然后挑选你喜欢的模板风格，点击生成 PPT	/
	5	大概一分钟左右，会生成一份完整的 PPT，你可以直接下载，也可以编辑后再下载	/

续表

场景	步骤序号	说明	提示词参考
高阶玩法:DeepSeek 出大纲和内容，AIPPT 自动生成 PPT	1	打开 DeepSeek 官网，输入下面的提示词，获取一份 PPT 大纲内容。	背景描述： 请以 Markdown 格式输出一份关于 2025 年一季度工作总结的 PPT 大纲，目标观众是老板，核心目标是展示 2025 年一季度的工作成果，让老板批准我们的二季度预算。确保内容适合职场汇报逻辑。 内容描述： 框架需包含封面／目录／工作回顾／成果展示／问题分析／未来计划六部分，章节需分为 3-5 个模块。请用金字塔原理划分结构：章节标题须呈现核心结论，子论点按 MECE 原则互斥穷尽。
	2	复制 DeepSeek 会生成的 Markdown 格式的 PPT 大纲	/
	3	打开 AIPPT，把这份 Markdown 格式的内容复制给 AIPPT，直接生成对应内容的 PPT	/
	4	选择模板场景、设计风格和主题颜色，然后挑选你喜欢的模板风格，点击生成 PPT	/
	5	大概一分钟左右，会生成一份完整的 PPT，你可以直接下载，也可以编辑后再下载	/

初阶玩法：直接在 Kimi 里面自动生成 PPT

目前在 Kimi+ 里面，是有 PPT 助手这个功能的，它调用的是 AIPPT 这个产品的能力。具体操作步骤如下：

第一步：在 Kimi 官网，左侧找到 Kimi+，点进去找到 PPT 助手。

图 4-1-18 Kimi+ 网页 PPT 助手入口

第二步：输入提示词，获取 PPT 内容。

如果需要生成的 PPT 更加符合你的需求，你需要把背景交代得更清楚，同时把 PPT 内容描述得更加细致。越详细，出来的 PPT 就越符合你的需求。以下是基本的提示词框架结构。

```
Plain Text
背景描述：

这是一份关于 2025 年一季度工作总结的 PPT，目标观众是老板，核心目标是展示 2025 年一季度的工作成果，让老板批准我们的二季度预算。确保内容适合职场汇报逻辑。


内容描述：

框架须包含封面 / 目录 / 工作回顾 / 成果展示 / 问题分析 / 未
```

来计划六部分，章节须分为 3-5 模块。请用金字塔原理划分结构：章节标题须呈现核心结论，子论点按 MECE 原则互斥穷尽。

第三步：Kimi 会自动生成内容大纲，点击一键生成 PPT。

图 4-1-19 选择一键生成 PPT

第四步：选择模板场景、设计风格和主题颜色，然后挑选你喜欢的模板风格，点击生成 PPT。

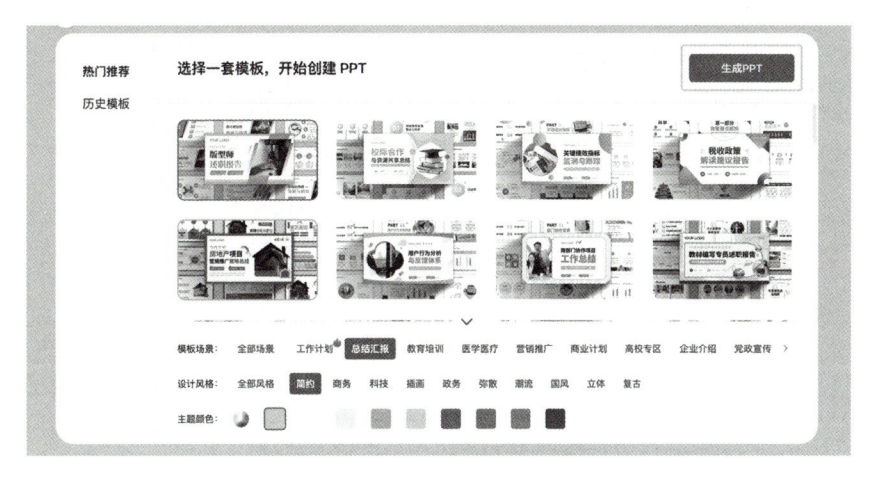

图 4-1-20 选择模板场景、设计风格和主题颜色

第五步：大概一分钟左右，会生成一份完整的 PPT，你可以直接下载，也可以编辑后再下载。

这种模式，很多时候可能因为思路预设不足，导致生成的 PPT 内容未必会非常符合你的需求。这个时候，你可以采用第二种方式，用 DeepSeek 给你提大纲，调整好大纲后再用 Kimi 来出 PPT。

高阶玩法：由 DeepSeek 出大纲和内容，AIPPT 自动生成 PPT

第一步：打开 DeepSeek 官网，输入下面的提示词，获取一份 PPT 大纲内容。

请注意提示词里面的一个核心要点：Markdown 格式。这是一种广泛用于格式化文本的语言，这种格式方便在 Kimi 里面可直接使用。

Plain Text

代码块

背景描述：

请以 Markdown 格式输出一份关于 2025 年一季度工作总结

> 的 PPT 大纲，目标观众是老板，核心目标是展示 2025 年一季度的工作成果，让老板批准我们的二季度预算。确保内容适合职场汇报逻辑。
>
> 内容描述：
> 框架需包含封面/目录/工作回顾/成果展示/问题分析/未来计划 6 部分，章节需分为 3—5 个模块。请用金字塔原理划分结构：章节标题须呈现核心结论，子论点按 MECE 原则互斥穷尽。

第二步：复制 DeepSeek 会生成的 Markdown 格式的 PPT 大纲。

第三步：打开 AIPPT，把这份 Markdown 格式的内容复制到 AIPPT，直接生成对应内容的 PPT 就可以了。后面的操作跟初阶玩法一模一样。

图 4-1-21 AIPPT 页面开始智能生成

第 4 章 外部工具协同职场进阶

图 4-1-22 文档生成 PPT 入口

图 4-1-23 输入 Markdown 格式内容

127

图 4-1-24 挑选 PPT 模板

图 4-1-25 生成 PPT

第4章 外部工具协同职场进阶

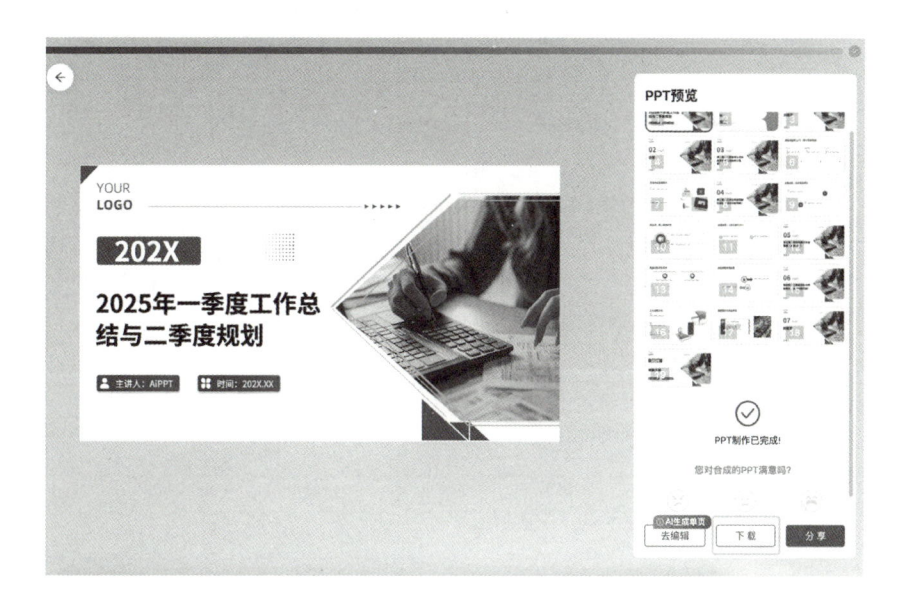

图 4-1-26 生成 PPT 可编辑和下载

1.3 DeepSeek + Xmind：一键生成思维导图

在当今快节奏的工作环境中，高效的信息梳理对于提升工作效率至关重要。DeepSeek 和 Xmind 的组合能够将复杂的信息以直观、可视化的形式呈现，大幅提升信息梳理效率。

表 4-1-5 DeepSeek+Xmind 生成思维导图的操作步骤

步骤序号	说明	提示词参考
1	打开 DeepSeek 官网，输入下面的提示词，获取一份 Markdown 格式大纲	请出一份关于楼盘开盘活动策划的思维导图大纲，目标观众是营销总监，核心目标是让营销总监了解活动内容及安排并批准活动经费。确保内容适合职场汇报逻辑，以 Markdown 格式层级展现。

129

续表

步骤序号	说明	提示词参考
2	内容生成完成后，复制备用	/
3	新建空白 .txt 文本，并将 Markdown 格式大纲粘贴进去，保存文本	/
4	将 .txt 文本后缀改为 .md（Markdown 文件），以便 Xmind 识别	/
5	打开 Xmind，新建导图	/
6	选择合适的导图形式，创建导图	/
7	导入 .md 格式文件，自动生成导图	/

第一步：打开 DeepSeek 官网，输入下面的提示词，获取一份 Markdown 格式大纲。

请注意提示词里面的一个核心要点：Markdown 格式。这是一种广泛用于格式化文本的语言，这种格式方便在 Xmind 里面直接使用。

参考指令：

> Plain Text
>
> 代码块
>
> 请出一份关于楼盘开盘活动策划的思维导图大纲，目标观众是营销总监，核心目标是让营销总监了解活动内容及安排并批准活动经费。确保内容适合职场汇报逻辑，以 Markdown 格式层级展现。

第二步：大纲生成完成后，复制备用。

第三步：新建空白 .txt 文本，并将 Markdown 格式大纲粘贴进去，并保存文本。

第四步：将 .txt 文本后缀改为 .md（Markdown 文件），以便 Xmind 识别。

名称	修改日期
楼盘开盘活动策划思维导图大纲.md	今天 12:19

图 4-1-27 修改文本后缀

第五步：打开 Xmind，新建导图。

图 4-1-28 Xmind 新建导图

第六步：选择合适的导图形式，创建导图。

选取模板

最近使用

图 4-1-29 选取模板

第七步：导入 .md 格式文件，自动生成导图。

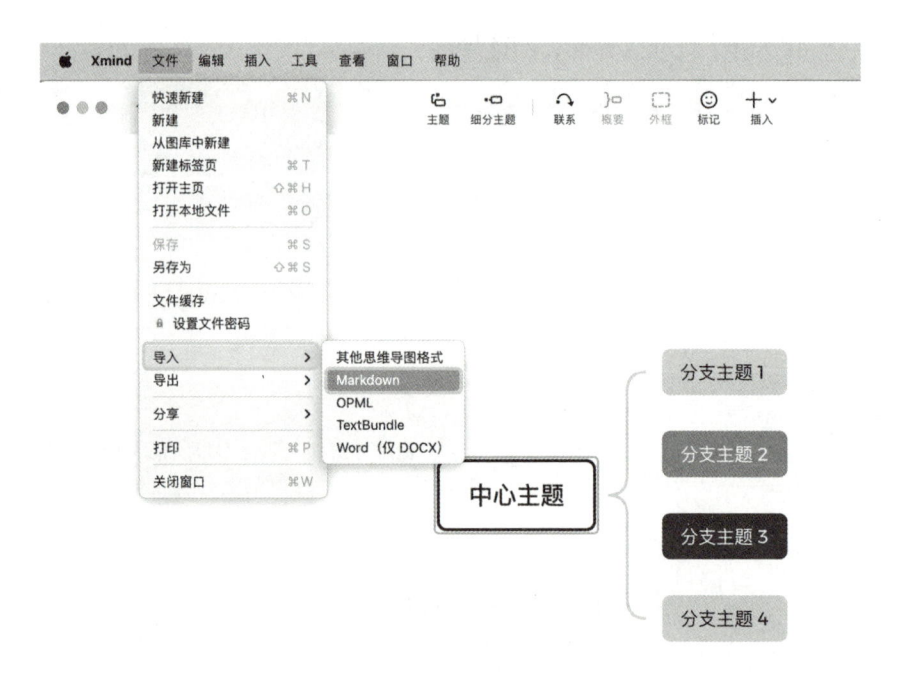

图 4-1-30 导入思维导图大纲

1.4 DeepSeek + 飞书多维表格：批量处理复杂工作

你是不是也经历过这样的崩溃时刻：面对成堆的销售数据无从下手，或是被领导催着要 10 份不同版本的推广文案。使用 DeepSeek 和飞书多维表格这对"黄金搭档"，把数据处理和文案生成变成"傻瓜操作"——不用写一行代码，不用熬夜手动调表格，甚至连复制粘贴都能省掉！

飞书多维表格常见的使用场景可以查看下面的表格。

表 4-1-6 飞书多维表格常见使用场景

应用场景	具体操作步骤	核心字段	核心字段配置
员工培训通知	1. 在飞书多维表格中创建表格，列名包含"员工姓名""部门""培训课程名称""培训时间""培训地点"等。 2. 录入员工相关信息。 3. 新建字段，命名为"员工培训整合信息"，使用字段捷径 - 总结功能，将"员工姓名""部门""培训课程名称""培训时间""培训地点"字段的内容进行总结整合到此新字段中。 4. 新建字段，命名为"员工培训通知文案"。 5. 对"员工培训通知文案"字段进行配置，设置自动化流程。 6. 选择"员工培训通知文案"列作为触发列。 7. 配置自定义指令，让系统根据"员工培训整合信息"字段的内容生成通知文案。	员工培训通知文案	指令内容（信息来源字段）：员工培训整合信息 自定义要求： 根据"员工培训整合信息"字段内容，分析出该员工需要参加的培训信息，以正式通知的格式输出：开头称呼为从该字段提取的员工姓名，接着依次阐述部门、培训课程名称、培训时间、培训地点等信息，最后添加相关注意事项等内容的员工培训通知文案。
产品推广文案	1. 创建飞书多维表格，设置"产品名称""产品特点""目标客户群体""产品优势"等列。 2. 填写每个产品对应的相关信息。 3. 新建字段，命名为"产品推广整合信息"，利用字段捷径 - 总结功能，把"产品名称""产品特点""目标客户群体""产品优势"字段内容整合到该新字段。	产品推广文案内容	指令内容（信息来源字段）：产品推广整合信息

133

续表

应用场景	具体操作步骤	核心字段	核心字段配置
	4. 新建字段，命名为"产品推广文案内容"。 5. 对"产品推广文案内容"字段进行配置，设置自动化流程。 6. 选择"产品推广文案内容"列作为触发列。 7. 配置指令，让系统根据"产品推广整合信息"字段内容生成推广文案。		自定义要求： 根据"产品推广整合信息"字段内容，分析出该产品的独特卖点和适合人群，输出结构为：先介绍从该字段提取的产品名称，详细阐述产品特点与优势，针对目标客户群体说明产品能带来的价值，最后添加号召购买或了解的语句的产品推广文案。
会议邀请函	1. 制作多维表格，有"参会人员姓名""会议主题""会议时间""会议地点""会议目的"等列。 2. 录入会议相关和参会人员信息。 3. 新建字段，命名为"会议邀请整合信息"，通过字段捷径-总结将"参会人员姓名""会议主题""会议时间""会议地点""会议目的"字段内容整合。 4. 新建字段，命名为"会议邀请函文案"。 5. 对"会议邀请函文案"字段进行配置，设置自动化流程。 6. 选择"会议邀请函文案"列作为触发列。 7. 配置生成邀请函文案指令，依据"会议邀请整合信息"字段内容生成文案。	会议邀请函文案	指令内容（信息来源字段）： 会议邀请整合信息 自定义要求： 根据"会议邀请整合信息"字段内容，分析出该参会人员需要参加的会议信息，输出格式为：称呼为从该字段提取的参会人员姓名，接着说明会议主题、时间、地点、目的，最后添加期待参会等礼貌性语句的会议邀请函文案。
项目进度汇报	. 建立表格，列有"项目名称""项目阶段""已完成工作""未完成工作""项目风险"等。 2. 填写项目相关数据。 3. 新建字段，命名为"项目进度整合信息"，使用字段捷径-总结功能，将"项目名称""项目阶段""已完成工作""未完成工作""项目风险"字段内容整合其中。 4. 新建字段，命名为"项目进度汇报文案"。 5. 对"项目进度汇报文案"字段进行配置，设置自动化流程。 6. 选择"项目进度汇报文案"列作为触发列。 7. 配置生成汇报文案指令，根据"项目进度整合信息"字段内容生成文案。	项目进度汇报文案	指令内容（信息来源字段）： 项目进度整合信息 自定义要求： 根据"项目进度整合信息"字段内容，分析项目当前所处阶段和工作进展情况，输出结构为：先写从该字段提取的项目名称，再阐述项目阶段，详细说明已完成工作、未完成工作，分析项目风险并提出应对措施，最后添加总结性语句的项目进度汇报文案。

第 4 章 外部工具协同职场进阶

续表

应用场景	具体操作步骤	核心字段	核心字段配置
客户感谢邮件	1. 创建表格含"客户姓名""合作项目""合作亮点""合作时长"等列。 2. 输入客户及合作相关信息。 3. 新建字段，命名为"客户合作感谢整合信息"，利用字段捷径－总结把"客户姓名""合作项目""合作亮点""合作时长"字段内容整合。 4. 新建字段，命名为"客户感谢邮件文案"。 5. 对"客户感谢邮件文案"字段进行配置，设置自动化流程。 6. 选择"客户感谢邮件文案"列作为触发列。 7. 配置生成感谢邮件文案指令，基于"客户合作感谢整合信息"字段内容生成文案。	客户感谢邮件文案	指令内容（信息来源字段）：客户合作感谢整合信息 自定义要求： 根据"客户合作感谢整合信息"字段内容，分析与该客户的合作情况和亮点之处，输出格式为：称呼为从该字段提取的客户姓名，先回顾合作项目和时长，详细阐述合作亮点，表达感谢之情，最后添加期待继续合作等语句的客户感谢邮件文案。
员工绩效评估报告	1. 制作表格，有"员工姓名""工作目标""实际完成情况""工作成果""工作态度"等列。 2. 记录员工绩效相关数据。 3. 新建字段，命名为"员工绩效整合信息"，通过字段捷径－总结将"员工姓名""工作目标""实际完成情况""工作成果""工作态度"字段内容整合。 4. 新建字段，命名为"员工绩效评估报告文案"。 5. 对"员工绩效评估报告文案"字段进行配置，设置自动化流程。 6. 选择"员工绩效评估报告文案"列作为触发列。 7. 配置生成评估报告文案指令，依照"员工绩效整合信息"字段内容生成文案。	员工绩效评估报告文案	指令内容（信息来源字段）：员工绩效整合信息 自定义要求： 根据"员工绩效整合信息"字段内容，分析该员工的工作表现和成果，输出结构为：先写从该字段提取的员工姓名，回顾工作目标，详细分析实际完成情况、工作成果，评价工作态度，提出改进建议和期望，最后添加总结性评价的员工绩效评估报告文案。
活动宣传文案	1. 建立多维表格，列有"活动名称""活动时间""活动地点""活动特色""参与方式"等。 2. 录入活动信息。 3. 新建字段，命名为"活动宣传整合信息"，使用字段捷径－总结功能，把"活动名称""活动时间""活动地点""活动特色""参与方式"字段内容整合。	活动宣传文案内容	指令内容（信息来源字段）：活动宣传整合信息

续表

应用场景	具体操作步骤	核心字段	核心字段配置
	4. 新建字段，命名为"活动宣传文案内容"。 5. 对"活动宣传文案内容"字段进行配置，设置自动化流程。 6. 选择"活动宣传文案内容"列作为触发列。 7. 配置生成宣传文案指令，依据"活动宣传整合信息"字段内容生成文案。		自定义要求： 根据"活动宣传整合信息"字段内容，分析活动的亮点和吸引力，输出格式为：先介绍从该字段提取的活动名称，说明活动时间、地点，详细阐述活动特色，介绍参与方式，最后添加号召参与的语句的活动宣传文案。
供应商合作续约函	1. 创建表格含"供应商名称""合作期限""合作成果""合作满意度"等列。 2. 填写供应商及合作相关信息。 3. 新建字段，命名为"供应商合作续约整合信息"，利用字段捷径-总结将"供应商名称""合作期限""合作成果""合作满意度"字段内容整合。 4. 新建字段，命名为"供应商合作续约函文案"。 5. 对"供应商合作续约函文案"字段进行配置，设置自动化流程。 6. 选择"供应商合作续约函文案"列作为触发列。 7. 配置生成续约函文案指令，根据"供应商合作续约整合信息"字段内容生成文案。	供应商合作续约函文案	指令内容（信息来源字段）： 供应商合作续约整合信息 自定义要求： 根据"供应商合作续约整合信息"字段内容，分析与该供应商的合作情况和续约必要性，输出格式为：称呼为从该字段提取的供应商名称，先回顾合作期限和成果，说明合作满意度，表达续约意向，阐述续约条款，最后添加期待继续合作等语句的供应商合作续约函文案。
新员工入职引导手册部分内容	1. 制作表格，有"新员工姓名""岗位名称""岗位职责""入职培训内容""注意事项"等列。 2. 录入新员工信息。 3. 新建字段，命名为"新员工入职引导整合信息"，通过字段捷径-总结把"新员工姓名""岗位名称""岗位职责""入职培训内容""注意事项"字段内容整合。 4. 新建字段，命名为"新员工入职引导手册文案"。 5. 对"新员工入职引导手册文案"字段进行配置，设置自动化流程。 6. 选择"新员工入职引导手册文案"列作为触发列。 7. 配置生成引导手册文案指令，基于"新员工入职引导整合信息"字段内容生成文案。	新员工入职引导手册文案	指令内容（信息来源字段）： 新员工入职引导整合信息 自定义要求： 根据"新员工入职引导整合信息"字段内容，分析该新员工的岗位需求和培训要点，输出结构为：先写从该字段提取的新员工姓名，介绍岗位名称，详细阐述岗位职责，说明入职培训内容，罗列注意事项，最后添加鼓励性语句的新员工入职引导手册部分文案。

续表

应用场景	具体操作步骤	核心字段	核心字段配置
市场调研分析报告摘要	1. 建立表格，列有"调研主题""调研数据""主要发现""调研结论"等。 2. 输入调研相关数据。 3. 新建字段，命名为"市场调研摘要整合信息"，使用字段捷径－总结功能，将"调研主题""调研数据""主要发现""调研结论"字段内容整合。 4. 新建字段，命名为"市场调研分析报告摘要文案"。 5. 对"市场调研分析报告摘要文案"字段进行配置，设置自动化流程。 6. 选择"市场调研分析报告摘要文案"列作为触发列。 7. 配置生成摘要文案指令，依照"市场调研摘要整合信息"字段内容生成文案。	市场调研分析报告摘要文案	指令内容（信息来源字段）：市场调研摘要整合信息 自定义要求： 根据"市场调研摘要整合信息"字段内容，分析调研的核心内容和重要成果，输出格式为：先阐述从该字段提取的调研主题，展示关键调研数据，总结主要发现，说明调研结论，最后添加相关建议的市场调研分析报告摘要文案。

本小节就从批量短视频文案生成、批量书籍解读这两个应用场景，教你用飞书多维表格。

表 4-1-7 不同场景操作步骤

场景	步骤序号	说明
输入关键词，批量短视频文案生成	1	新建多维表格
	2	修改表头，搭建基础信息框架
	3	需求总结列配置调整
	4	文案生成列配置调整
	5	输入关键词和目标，自动生成文案
输入关键词，批量书籍解读	1	新建多维表格，并修改表头，搭建基本信息框架
	2	书籍点评列配置调整
	3	书籍解读列配置调整
	4	输入书名，自动生成书籍解读

场景一：输入关键词，批量短视频文案生成

第一步：新建多维表格。

图 4-1-31 飞书多维表格操作界面

第二步：修改表头，搭建基础信息框架。

这里我们需要的是关键词、目标、需求总结、文案生成四列，实际使用时根据需求增减都可。

图 4-1-32 修改表头，搭建基础信息框架

第三步：需求总结列配置调整。

这里我们想要需求总结这一列把关键词和目标串联起来，生成一个明确的需求。

表 4-1-8 需求总结列配置模块调整步骤

步骤序号	模块	说明	内容
1	标题	添加列标题	需求总结
2	字段类型	选择字段捷径	总结
3	选择需要总结的字段（可多选）	选择要总结的列	关键词、目标
4	自定义总结要求	添加对总结内容的自定义要求，满足个性化总结需求。	填写提示词，提示词参考表后内容
5	自动更新	开启后，当前字段将跟随配置内容的变化同步更新	打开自动更新
6	确定	完成配置	点击确定

以下是自定义总结要求提示词参考：

Plain Text

关键词：短视频选题

目标：短视频目标（流量、涨粉等）

图 4-1-33 需求总结列配置调整

第四步：文案生成列配置调整。

这一列我们将调用 DeepSeek 分析需求总结列的内容，并生成我们想要的文案。

表 4-1-9 文案生成列配置模块调整步骤

步骤序号	模块	说明	内容
1	标题	添加标题	文案生成
2	字段类型	选择字段捷径	DeepSeek R1
3	选择指令内容	选择文案需求的来源列	需求总结
4	自定义要求	添加对总结内容的自定义要求，满足个性化总结需求。	填写提示词，提示词参考表后内容

续表

步骤序号	模块	说明	内容
5	获取更多信息	开启后，将自动生成思考过程、输出结构列，方便获取详细内容	打开获取更多信息，勾选思考过程、输出结果
6	自动更新	开启后，当前字段将跟随配置内容的变化同步更新	打开自动更新
7	确定	完成配置	点击确定

以下是自定义要求提示词参考。

```
Plain Text
背景描述：
你是一个财经爆款短视频文案写手，根据用户的需求，生成对应的爆款文案。


内容描述：
当用户输入关键词时，生成符合用户需求的财经垂类短视频文案，开场要从关键词相关的痛点场景引入，并且给出解决办法，包含个人观点和看法。文案输出格式为开头＋价值＋内容＋结尾。
```

> 限制条件：
>
> 文案不超过150字，文案里面不能有负面内容，不要随便增加各种符号，如果没有合适的内容，就明确告诉客户，不要自己瞎编。

图 4-1-34 文案生成列配置调整

第五步：输入关键词和目标，自动生成文案。

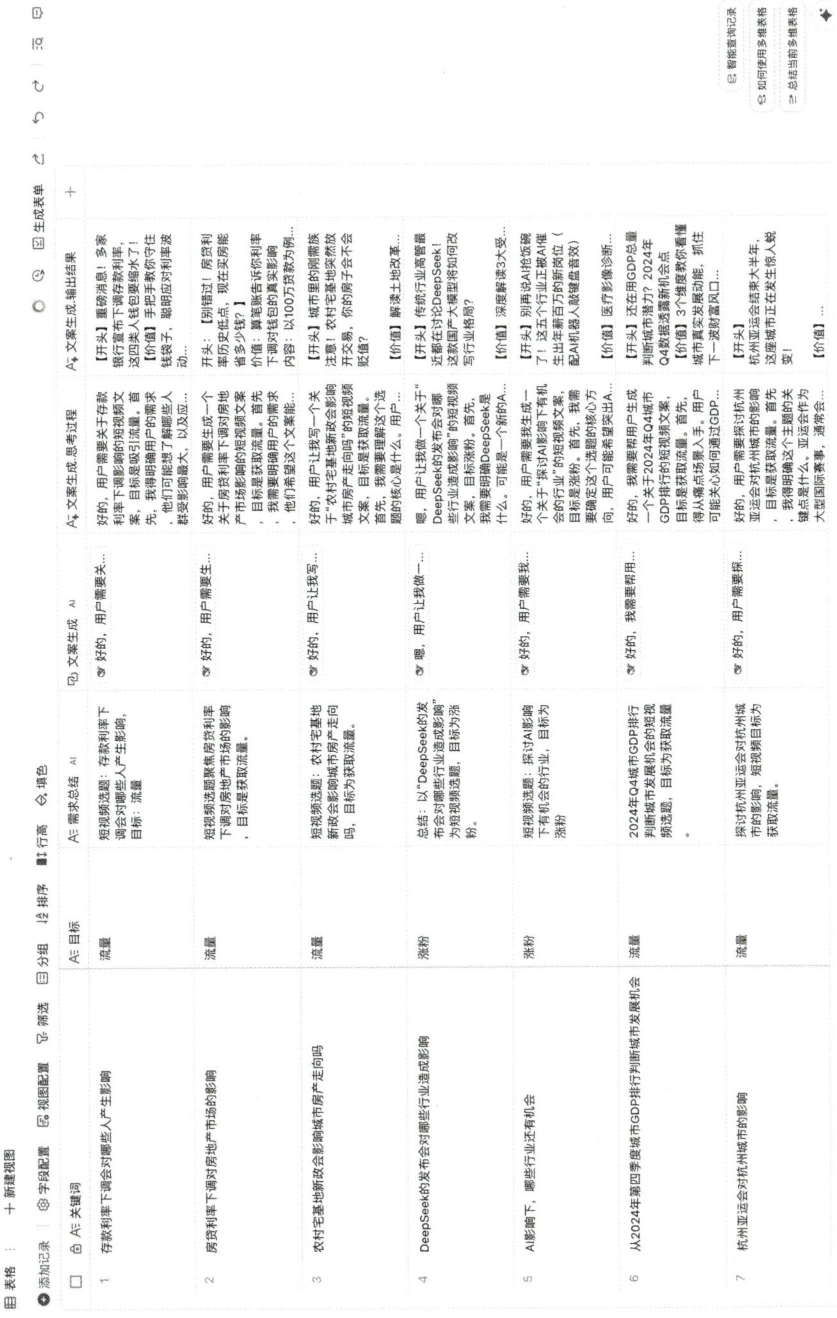

第 4 章 外部工具协同职场进阶

图 4-1-35 输入关键词和目标即可自动生成文案

143

场景二：输入关键词，批量书籍解读

第一步：新建多维表格，并修改表头，搭建基本信息框架。

这里我们需要的是书名、书籍点评、书籍解读三列，实际使用时根据需求增减都可。

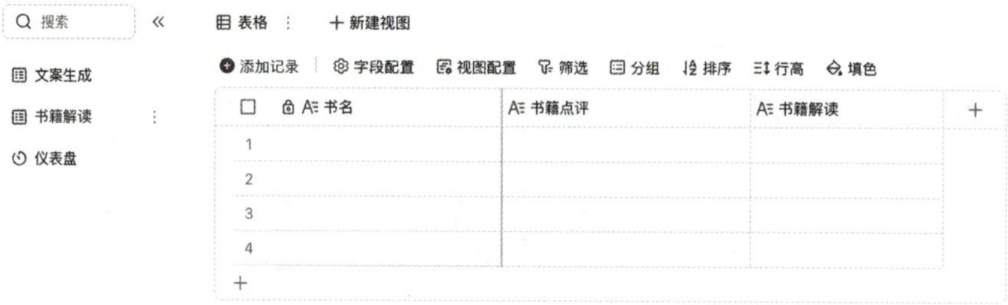

图 4-1-36 新建多维表格并修改表头

第二步：书籍点评列配置调整。

这一步我们想要使用 AI 全网搜索书籍相关的评价，并总结

表 4-1-10 书籍点评列配置模块调整步骤

步骤序号	模块	说明	内容
1	标题	添加列标题	书籍点评
2	字段类型	选择字段捷径	AI 搜索
3	搜索内容	关联想要搜索的关键词	书名
4	自定义处理方式	将搜索到的内容进行处理	填写提示词，提示词参考表后内容
5	自动更新	开启后，当前字段将跟随配置内容的变化同步更新	打开自动更新
6	确定	完成配置	点击确定

以下是自定义处理方式提示词参考。

> Plain Text
>
> 代码块
>
> 全网搜索"书名"的评价并总结，限 800 字。

图 4-1-37 书籍点评列配置调整

第三步：书籍解读列配置调整。

这一列我们将调用 DeepSeek 分析书籍点评列的内容，并生成我们想要的书籍解读内容。

表 4-1-11 书籍解读列配置模块调整步骤

步骤序号	模块	说明	内容
1	标题	添加标题	书籍解读
2	字段类型	选择字段捷径	DeepSeek R1
3	选择指令内容	选择指令的来源列	书籍点评
4	自定义要求	添加对总结内容的自定义要求，满足个性化总结需求。	填写提示词，提示词参考表后内容
5	获取更多信息	开启后，将自动生成思考过程、输出结构列，方便获取详细内容	打开获取更多信息，勾选思考过程、输出结果
6	自动更新	开启后，当前字段将跟随配置内容的变化同步更新	打开自动更新
7	确定	完成配置	点击确定

```
Plain Text
背景描述：
从核心观点、书籍概括、重点引用三方面解读一本书的核心内容。

内容描述：
通过分析生成阅读笔记，包含书籍概括、核心观点、认知提升、行动建议四部分，结构层次分明，重点突出。
```

图 4-1-38 书籍解读列配置调整

第四步：输入书名，自动生成书籍解读。

书名	书籍点评 AI	书籍解读 AI	书籍解读.思考过程
西游记	《西游记》作为中国古典四大名著之一，自明代吴承恩所著以来，便以其丰富的想象、鲜明的人物形象和深刻的哲理，赢得了广大读者的喜爱。以下是对《西游记》的评价总结： 首先，《西游记》是一部充满浪漫主义色彩的神…	好的，我现在需要…	好的，我现在需要处理用户提供的关于《西游记》的评价总结，并生成符合要求的阅读笔记。首先，我需要理解用户的需求。用户希望从核心观点、书籍概括、重点引用三个方面来解读这本书，同时生成包含书籍概括、核心观点、…
红楼梦	《红楼梦》作为中国古典文学的巅峰之作，其评价历来丰富多样。从文学价值、人物塑造、社会意义等多个角度，专家学者和普通读者都给予了高度评价。 首先，从文学价值来看，《红楼梦》以其独特的…	好的，我现在需要…	好的，我现在需要处理用户提供的关于《红楼梦》的评价内容，并按照他们的要求生成一份结构化的阅读笔记。首先，我需要仔细阅读用户提供的材料，理解其中的主要观点和结构。…
三国演义	《三国演义》作为中国古典四大名著之一，自问世以来，便受到了广泛的关注和评价。从古代到现代，无数读者和学者对这部作品进行了深入的研究和讨论。 在古代，由于《三国演义》以历史为背景，描绘…	嗯，用户提供的原…	嗯，用户提供的原始内容是关于《三国演义》的评价，涵盖古代到现代的视角，分为历史、文学、思想和社会价值几个方面。用户希望生成一份结构化的阅读笔记，包括书籍概括、核心观点、认知提升和行动建议四个部分。首先，
水浒传	《水浒传》作为中国古典四大名著之一，以其独特的文学价值和深刻的社会意义，深受读者喜爱。从多个角度对这部作品进行评价，可以总结出以下几点： 首先，《水浒传》深刻揭示了封建社会的黑暗面…	好的，我现在需要…	好的，我现在需要帮用户生成一个关于《水浒传》的阅读笔记，按照用户提供的模板，分为书籍概括、核心观点、认知提升和行动建议四个部分。用户已经给了一个详细的评价，我需要从中提取关键信息，整理成结构化的内容。

图 4-1-39 输入书名即可自动生成书籍解读

通过本节学习，我们掌握了办公场景的六大智能解决方案。从文档处理到数据可视化，AI工具链已能覆盖大部分的日常办公需求。接下来，我们将进入更具创意的领域——设计与内容创作。

第 2 节 设计与内容创作工具整合

在当下这个信息爆炸、创意为王的时代，无论是吸睛的广告海报设计，还是引人入胜的视频内容创作，都对从业者的效率与创意提出了极高要求。

2.1 DeepSeek + 即梦 AI：一键生成海报、Logo 等视觉素材

DeepSeek + 即梦 AI 常见的使用场景可以查看下面的表格。

表 4-2-1 DeepSeek + 即梦 AI 常见使用场景

应用场景	关键提示词示例（DeepSeek 生成文本）
国风电影海报	哪吒魔童脚踏风火轮，云雾缭绕的仙境背景，色彩浓郁，动态十足，中国传统书法元素点缀
科幻插画	赛博朋克风格未来城市，悬浮车辆、全息广告、霓虹灯光，画面充满科技感与拥挤感
电商产品图设计	茶叶特写、清晨露珠、茶农采茶场景，风格写实且富有田园诗意
账号形象设计	日记、画笔、造梦场元素，人物/无人形象两套方案
包装设计	复古奢华风格，蕾丝花纹、金色装饰线条、古典香水瓶造型，搭配玫瑰花
游戏场景设计	仙侠门派场景，云雾缭绕山峰、古朴建筑、飞瀑，阳光金色光芒
品牌 IP 形象	运动品牌小狐狸，篮球服、运动头巾、自信笑容、篮球场背景

149

续表

应用场景	关键提示词示例（DeepSeek 生成文本）
广告设计	夏日海滩度假（阳光沙滩、遮阳伞、海鸥）或时尚服装展示细节（模特走秀、服装特写）
室内设计灵感	现代客厅设计（白色沙发、灰色地毯、落地窗绿植）或复古餐厅布局（木质餐桌、暖色灯光）

本小节将深入且详细地介绍如何巧妙运用 DeepSeek 与即梦 AI 这一绝佳组合，实现海报、插画、logo 这三种常见且重要的视觉素材的生成操作，助力大家迅速掌握技巧，轻松上手。

表 4-2-2 不同场景操作步骤

场景	步骤	说明	提示词参考
生成海报	第一步	给 DeepSeek 提出需求，让他生成一个海报设计框架以及文生图的提示词 让 DeepSeek 把上面的框架转换为文生图的提示词，方便用来制作图片。	背景描述：我们需要设计一份春节促销海报，以吸引消费者关注并促进销售。海报需突出春节氛围，融入中国风元素，通过插画形式展现主视觉。同时要清晰呈现优惠信息，吸引受众参与促销活动。确保内容符合春节促销海报设计逻辑。 内容描述：海报设计框架需包含主视觉（采用中国风插画呈现核心元素）、文案结构（明确列出 5 大优惠点，突出优惠力度）、色彩规范（将潘通年度色合理应用于海报整体色调）这三部分。 帮我将上面的内容，写成一个提示词，方便我用来生成图片。
	第二步	打开即梦 AI，选择图片生成，将之前复制好的提示词粘贴到即梦 AI，海报比例一般选择 9：16，选择好后点击生成即可。	/
	第三步	选择需要的照片下载。	/

续表

场景	步骤	说明	提示词参考
生成插画	第一步	给 DeepSeek 提出需求，让他生成一个广州城市插画框架以及文生图的提示词。 让 DeepSeek 把上面的框架转换为文生图的提示词	"背景描述：我们需要设计一张用于广州城市宣传的插画，以提升广州的城市形象与吸引力，吸引更多游客前来游玩、投资及生活。插画需突出广州的城市特色，展现其独特的文化底蕴、现代化风貌以及丰富的生活场景。确保内容符合城市宣传插画的设计逻辑。 内容描述：插画框架需包含画面主体（明确展现广州标志性建筑、特色景观或文化活动等元素、色彩基调（体现广州的活力与热情，融入代表广州特色的色彩）、元素搭配（合理安排人物、动植物、交通工具等元素，营造生动的城市氛围）这三部分。" 帮我将上面的内容，写成一个提示词，方便我用来生成图片
	第二步	打开即梦 AI，选择图片生成；将之前复制好的提示词粘贴到即梦 AI，插画比例一般选择 3：4，选择好后点击生成即可。	/
	第三步	选择需要的照片下载。	/
生成 LOGO 设计	第一步	以咖啡店 logo 需求为例，给 DeepSeek 提出需求，让他生成一个 logo 设计框架以及文生图的提示词。让 DeepSeek 把上面的框架转换为文生图的提示词，方便用来制作图。	"背景描述：我们需要设计一个代表咖啡店独特风格与形象的 logo，以此吸引顾客并强化品牌辨识度。该 logo 要能体现咖啡店的特色，如咖啡文化、舒适氛围或独特的经营理念等。确保设计符合咖啡店的品牌定位与目标受众的审美偏好。 内容描述：logo 设计框架需包含图形元素（明确展现与咖啡、咖啡豆、杯子、咖啡馆场景等相关元素）、色彩搭配（选择能传达温馨、舒适、活力或专业等与咖啡店风格相符的色彩）、字体设计（确定与咖啡店风格协调一致，用于展示店名或品牌标语的字体样式）这三部分。 帮我将上面的内容，写成一个提示词，方便我用来生成图片。

场景	步骤	说明	提示词参考
	第二步	打开即梦 AI，选择图片生成；将之前复制好的提示词粘贴到即梦 AI，logo 设计比例一般选择 1：1，选择好后点击生成即可。	/
	第三步	选择需要的照片下载。	/
对标即梦 AI 素材	第一步	打开即梦 AI，找到灵感中的 logo 设计 点击想要对标的图片，我们可以看到右侧就有一段图片描述词，也就是我们经常说的提示词，选择复制	/
	第二步	打开 DeepSeek，将复制的提示词进行改写	我想设计一个家居店的 logo，用的工具是即梦 AI，现在需要你帮我写好提示词，以下是猫咖店提示词参考示例，帮我换成家居店的：logo 品牌标志，极简，图形设计，写着英文"DREAMINA"，猫与咖啡的融合，国际化，丝印冷烫，高级感，扁平化，设计感。
	第三步	打开即梦 AI 的图片生成，把修改后的提示词粘贴进去，选择图片 2.0pro 生图模型，比例选择 1：1，点击立即生成。	/
	第四步	选择满意的图片，点击下载	/

接下来，我们就针对不同需求，为大家详细拆解具体的操作步骤。

场景一：一键生成海报

大部分人不是专业的设计师，想要准确地给到描述词是有一定的难度的，现在可以依靠 DeepSeek 给出专业且有效的提示词，辅助我们在即梦 AI 上创作海报。

第一步：给 DeepSeek 提出需求，让他生成一个海报设计框架以及文生图的提示词。

海报框架提示词参考如下：

> Plain Text
> 背景描述：
> 我们需要设计一份春节促销海报，以吸引消费者关注并促进销售。海报需突出春节氛围，融入中国风元素，通过插画形式展现主视觉。同时要清晰呈现优惠信息，吸引受众参与促销活动。确保内容符合春节促销海报设计逻辑。
>
> 内容描述：
> 海报设计框架需包含主视觉（采用中国风插画呈现核心元素）、文案结构（明确列出 5 大优惠点，突出优惠力度）、色彩规范（将潘通年度色合理应用于海报整体色调）这三部分。

注意打开深度思考，DeepSeek 给出了设计框架。

春节促销海报设计方案详解

背景描述：
我们需要设计一份春节促销海报，以吸引消费者关注并促进销售。海报需突出春节氛围，融入中国风元素，通过插画形式展现主视觉。同时要清晰呈现优惠信息，吸引受众参与促销活动。确保内容符合春节促销海报设计逻辑。

内容描述：
海报设计框架需包含主视觉（采用中国风插画呈现核心元素）、文案结构（明确列出 5 大优惠点，突出优惠力度）、色彩规范（将潘通年度色合理应用于海报整体色调）这三部分

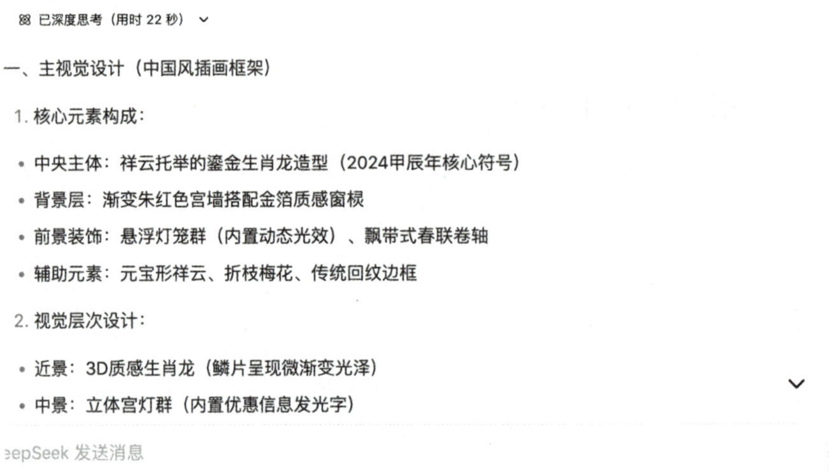
已深度思考（用时 22 秒）
一、主视觉设计（中国风插画框架）
1. 核心元素构成：
• 中央主体：祥云托举的鎏金生肖龙造型（2024甲辰年核心符号）
• 背景层：渐变朱红色宫墙搭配金箔质感窗棂
• 前景装饰：悬浮灯笼群（内置动态光效）、飘带式春联卷轴
• 辅助元素：元宝形祥云、折枝梅花、传统回纹边框
2. 视觉层次设计：
• 近景：3D质感生肖龙（鳞片呈现微渐变光泽）
• 中景：立体宫灯群（内置优惠信息发光字）
epSeek 发送消息

图 4-2-1 海报设计框架

让 DeepSeek 把上面的框架转换为文生图的提示词，方便用来制作图片。

提示词如下：

Plain Text
帮我将上面的内容，写成一个提示词，方便我用来生成图片。

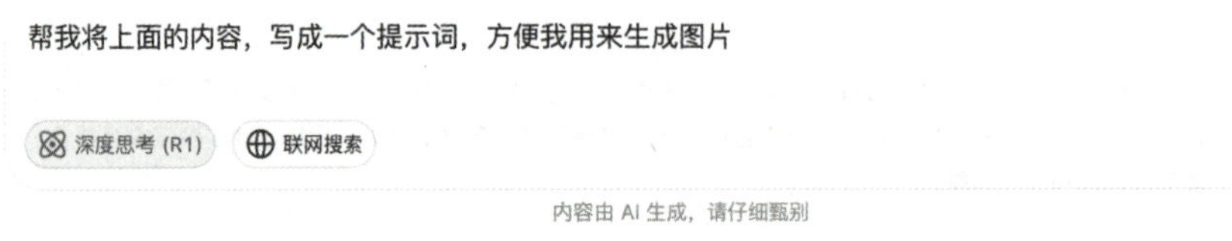
帮我将上面的内容，写成一个提示词，方便我用来生成图片
深度思考 (R1)
联网搜索
内容由 AI 生成，请仔细甄别

图 4-2-2 结合背景提出需求

DeepSeek 给出的答案：

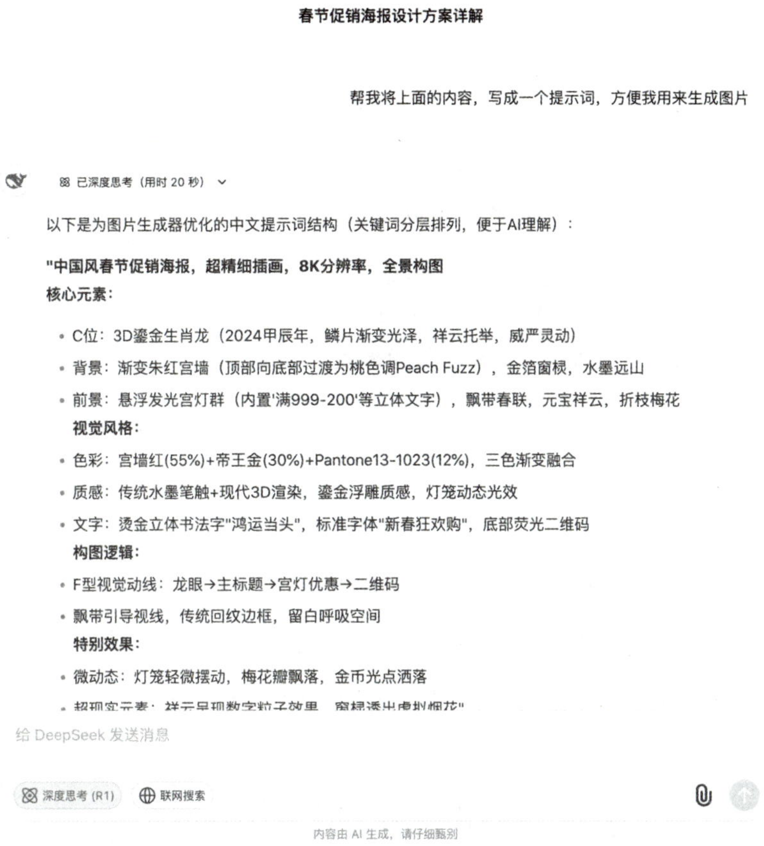

第 4 章 外部工具协同职场进阶

春节促销海报设计方案详解

帮我将上面的内容，写成一个提示词，方便我用来生成图片

> 已深度思考（用时 20 秒）

以下是为图片生成器优化的中文提示词结构（关键词分层排列，便于AI理解）：

"**中国风春节促销海报，超精细插画，8K分辨率，全景构图**
核心元素:

- C位：3D鎏金生肖龙（2024甲辰年，鳞片渐变光泽，祥云托举，威严灵动）
- 背景：渐变朱红宫墙（顶部向底部过渡为桃色调Peach Fuzz），金箔窗棂，水墨远山
- 前景：悬浮发光宫灯群（内置'满999-200'等立体文字），飘带春联，元宝祥云，折枝梅花

视觉风格
- 色彩：宫墙红(55%)+帝王金(30%)+Pantone13-1023(12%)，三色渐变融合
- 质感：传统水墨笔触+现代3D渲染，鎏金浮雕质感，灯笼动态光效
- 文字：烫金立体书法字"鸿运当头"，标准字体"新春狂欢购"，底部荧光二维码

构图逻辑
- F型视觉动线：龙眼→主标题→宫灯优惠→二维码
- 飘带引导视线，传统回纹边框，留白呼吸空间

特别效果
- 微动态：灯笼轻微摆动，梅花瓣飘落，金币光点洒落
- 超现实元素：祥云呈现数字粒子效果，窗棂透出虚拟烟花"

给 DeepSeek 发送消息

深度思考 (R1)　联网搜索

内容由 AI 生成，请仔细甄别

图 4-2-3 海报设计方案

复制生成好的提示词。

以下是为图片生成器优化的中文提示词结构（关键词分层排列，便于AI理解）：

"**中国风春节促销海报，超精细插画，8K分辨率，全景构图**
核心元素:

- C位：3D鎏金生肖龙（2024甲辰年，鳞片渐变光泽，祥云托举，威严灵动）
- 背景：渐变朱红宫墙（顶部向底部过渡为桃色调Peach Fuzz），金箔窗棂，水墨远山
- 前景：悬浮发光宫灯群（内置'满999-200'等立体文字），飘带春联，元宝祥云，折枝梅花

155

视觉风格：
- 色彩：宫墙红(55%)+帝王金(30%)+Pantone13-1023(12%)，三色渐变融合
- 质感：传统水墨笔触+现代3D渲染，鎏金浮雕质感，灯笼动态光效
- 文字：烫金立体书法字"鸿运当头"，标准字体"新春狂欢购"，底部荧光二维码

构图逻辑：
- F型视觉动线：龙眼→主标题→宫灯优惠→二维码
- 飘带引导视线，传统回纹边框，留白呼吸空间

特别效果：
- 微动态：灯笼轻微摆动，梅花瓣飘落，金币光点洒落
- 超现实元素：祥云呈现数字粒子效果，窗棂透出虚拟烟花

（提示词已结构化分层，可根据具体生成平台调整参数，建议先测试主视觉元素组合效果，再逐步添加动态细节）

图 4-2-4 复制提示词

第二步：打开即梦 AI，选择图片生成。

即梦 AI 电脑版：https://jimeng.jianying.com/

即梦 AI 手机版：各大应用市场搜索即梦 AI 下载就可以。

图 4-2-5 即梦 AI 页面展示

第 4 章 外部工具协同职场进阶

将之前复制好的提示词粘贴到即梦 AI，海报比例一般选择 9：16，选择好后点击生成即可。

图 4-2-6 即梦 AI 图片生成参数展示及生成

以下是即梦 AI 生成的图片：

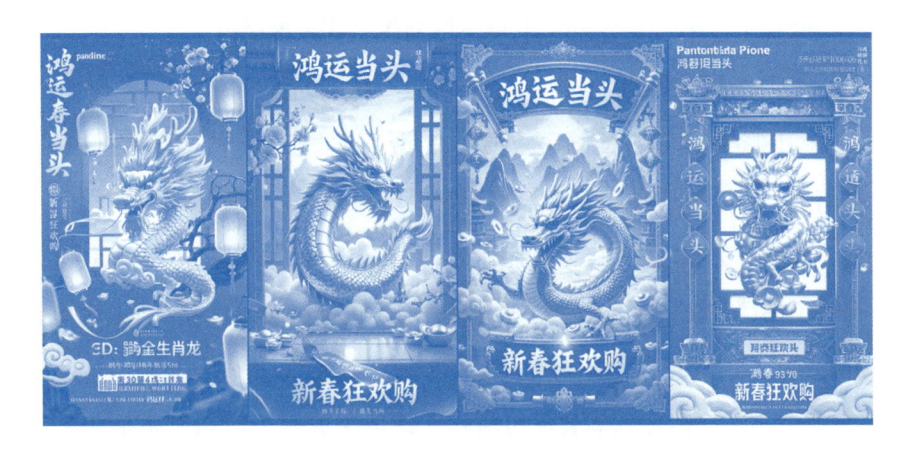

图 4-2-7 即梦 AI 生成海报展示

第三步：选择需要的照片下载。

157

图 4-2-8 即梦 AI 生成海报导出

掌握了这个方法之后，未来海报创作，就非常简单了。

场景二：一键生成插画

在内容创作中，插画很重要。儿童读物、广告、社交媒体配图，都离不开它。插画能把复杂信息直观展现给大家，线上线下都常用。

现在有了 AI 技术，生成插画变得容易。DeepSeek 和即梦 AI 结合，提供了便捷方法，下面详细介绍如何使用 DeepSeek + 即梦 AI 生成插画。

第一步：给 DeepSeek 提出需求，让他生成一个广州城市插画框架以及文生图的提示词。

插画框架提示词参考如下：

第 4 章 外部工具协同职场进阶

> Plain Text
>
> 背景描述：
>
> 我们需要设计一张用于广州城市宣传的插画，以提升广州的城市形象与吸引力，吸引更多游客前来游玩、投资及生活。插画须突出广州的城市特色，展现其独特的文化底蕴、现代化风貌以及丰富的生活场景。确保内容符合城市宣传插画的设计逻辑。
>
> 内容描述：
>
> 插画框架需包含画面主体（明确展现广州标志性建筑、特色景观或文化活动等元素）、色彩基调（体现广州的活力与热情，融入代表广州特色的色彩）、元素搭配（合理安排人物、动植物、交通工具等元素，营造生动的城市氛围）这三部分。

DeepSeek 给出了设计框架。

背景描述：
我们需要设计一张用于广州城市宣传的插画，以提升广州的城市形象与吸引力，吸引更多游客前来游玩、投资及生活。插画须突出广州的城市特色，展现其独特的文化底蕴、现代化风貌以及丰富的生活场景。确保内容符合城市宣传插画的设计逻辑。

内容描述：
插画框架需包含画面主体（明确展现广州标志性建筑、特色景观或文化活动等元素）、色彩基调（体现广州的活力与热情，融入代表广州特色的色彩）、元素搭配（合理安排人物、动植物、交通工具等元素，营造生动的城市氛围）这三部分。

🐳 ✿ 已深度思考（用时 20 秒）∨

根据设计需求，现提供广州城市宣传插画创意方案如下：

一、画面主体架构（三层式叙事空间）

　　1. 天际线层

159

- 中央突出广州塔"小蛮腰"与珠江新城CBD（东塔、西塔、国际金融中心构成黄金三角）
- 左侧嵌入中山纪念堂穹顶与镇海楼剪影，右侧展现沙面欧式建筑群
- 空中悬浮醒狮头与粤剧花旦头饰构成云纹装饰

2. 城市肌理层

- 珠江蜿蜒分割画面，猎德大桥与海心桥形成视觉连廊

给 DeepSeek 发送消息

深度思考 (R1)　联网搜索

内容由 AI 生成，请仔细甄别

图 4-2-9 插画设计框架

同上面的海报设计一样，让 DeepSeek 把上面的框架转换为文生图的提示词。

提示词如下：

Plain Text

帮我将上面的内容，写成一个提示词，方便我用来生成图片。

DeepSeek 给出的答案：

帮我将上面的内容，写成一个提示词，方便我用来生成图片

已深度思考（用时 30 秒）

以下是优化后的AI绘画提示词（中英双语），兼顾精准度与生成可控性：

中文提示词：

超现实风格城市全景插画，广州塔"小蛮腰"与珠江新城CBD建筑群构成视觉中心，中山纪念堂穹顶+沙面欧式建筑分列两侧，空中悬浮粤剧花旦头饰与醒狮云纹。珠江蜿蜒分割画面，猎德大桥连接镬耳墙骑楼街市与红砖厂创意园，木棉花瓣飘落引导视线。前景包含茶楼点心师傅/广绣匠人/龙舟竞渡场景，背景有白云机场飞机拉出"食在广州"航迹云。主色调为木棉橙红×珠江蓝渐变×岭南青，辅助霓虹紫与榕树绿，数字绘画与矢量图形混合风格，充满活力的超现实城市景观，细节丰富的对称构图，光影层次分明。

English Prompt:

Surrealistic cityscape illustration, Canton Tower "Thin Waist" and Zhujiang New Town CBD skyline as visual centerpiece, Sun Yat-sen Memorial Hall dome + Shamian European buildings flanking. Floating Cantonese opera headdress and lion dance clouds above. Pearl River winding through the scene with

Haixinsha Bridge connecting traditional Qilou arcades and Redtory Art District. Kapok petals drifting as visual guides. Foreground with dim sum chefs/Guangdong embroidery artisans/dragon boat race. Distant planes trailing "Culinary Guangzhou" contrails. Dominant palette: Kapok orange-red × Pearl River blue gradients × Lingnan cyan, accented with neon purple and banyan tree green. Digital painting

图 4-2-10 插画设计方案

复制生成好的提示词。

关键参数建议：

- 宽高比：--ar 3:2（适合城市横向延展）
- 风格参数：--style 4b（增强细节表现）
- 排除项：--no cartoon, flat design（避免风格偏差）

这个提示词结构通过：核心主体→空间层次→文化符号→色彩体系→风格指令的递进逻辑，既保留创意方案的精华，又符合AI图像生成的语法规则。建议配合ControlNet插件进行构图控制，使用Depth模型保持空间层次感。

图 4-2-11 复制提示词

第二步：打开即梦 AI，选择图片生成。

图 4-2-12 即梦 AI 页面展示

将之前复制好的提示词粘贴到即梦 AI，插画比例一般选择 3：4，选择好后点击生成即可。

图 4-2-13 即梦 AI 图片生成参数展示及生成

以下是即梦 AI 生成的图片。

图 4-2-14 即梦 AI 生成插画展示

第三步：选择需要的照片下载。

图 4-2-15 即梦 AI 生成插画导出

场景三：一键生成 logo

下面演示 logo 设计的操作步骤帮你再次巩固操作流程。

第一步：以咖啡店 logo 需求为例，给 DeepSeek 提出需求，让它生成一个 logo 设计框架以及文生图的提示词。

logo 设计框架提示词参考如下：

Plain Text

背景描述：

我们需要设计一个代表咖啡店独特风格与形象的 logo，以此吸引顾客并强化品牌辨识度。该 logo 要能体现咖啡店的特色，如咖啡文化、舒适氛围或独特的经营理念等。确保设计符合咖啡店的品牌定位与目标受众的审美偏好。

> 内容描述：
>
> logo 设计框架需包含图形元素（明确展现与咖啡、咖啡豆、杯子、咖啡馆场景等相关元素）、色彩搭配（选择能传达温馨、舒适、活力或专业等与咖啡店风格相符的色彩）、字体设计（确定与咖啡店风格协调一致，用于展示店名或品牌标语的字体样式）这三部分。

背景描述：
我们需要设计一个代表咖啡店独特风格与形象的 logo，以此吸引顾客并强化品牌辨识度。该 logo 要能体现咖啡店的特色，如咖啡文化、舒适氛围或独特的经营理念等。确保设计符合咖啡店的品牌定位与目标受众的审美偏好。

内容描述：
logo 设计框架需包含图形元素（明确展现与咖啡、咖啡豆、杯子、咖啡馆场景等相关元素）、色彩搭配（选择能传达温馨、舒适、活力或专业等与咖啡店风格相符的色彩）、字体设计（确定与咖啡店风格协调一致，用于展示店名或品牌标语的字体样式）这三部分。

深度思考 (R1)　联网搜索

图 4-2-16 提出 LOGO 设计需求

DeepSeek 给出了 logo 设计框架。

已深度思考（用时 23 秒）

以下是为咖啡店设计的完整LOGO方案，融合品牌识别、美学表现与功能需求：

一、图形设计理念

1. **核心元素**
   - **双重视觉咖啡杯**：采用极简线条勾勒咖啡杯轮廓，杯口蒸汽以咖啡豆形状抽象化呈现，体现咖啡制作的热气与香气。
   - **动态咖啡豆阵列**：5颗渐变咖啡豆以环形环绕杯底，象征咖啡烘焙工艺，通过微倾斜角度增加视觉动感。
   - **隐藏式场景**：杯体负空间融入开放式书本与沙发剪影，暗示第三空间属性，强化舒适社交场景联想。

图 4-2-17 LOGO 设计方案

第 4 章 外部工具协同职场进阶

让 DeepSeek 把上面的框架转换为文生图的提示词，方便用来制作图片。

提示词如下：

> Plain Text
> 帮我将上面的内容，写成一个提示词，方便我用来生成图片。

帮我将上面的内容，写成一个提示词，方便我用来生成图片

深度思考 (R1)　联网搜索

内容由 AI 生成，请仔细甄别

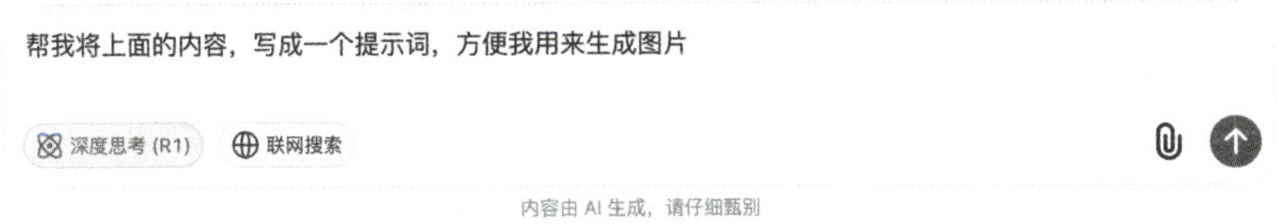

图 4-2-18 结合背景提出需求

可以看到，每次 DeepSeek 给出的格式并不是一样的，会根据我们需求的差异性以及表述有微调，选择需要的部分复制。

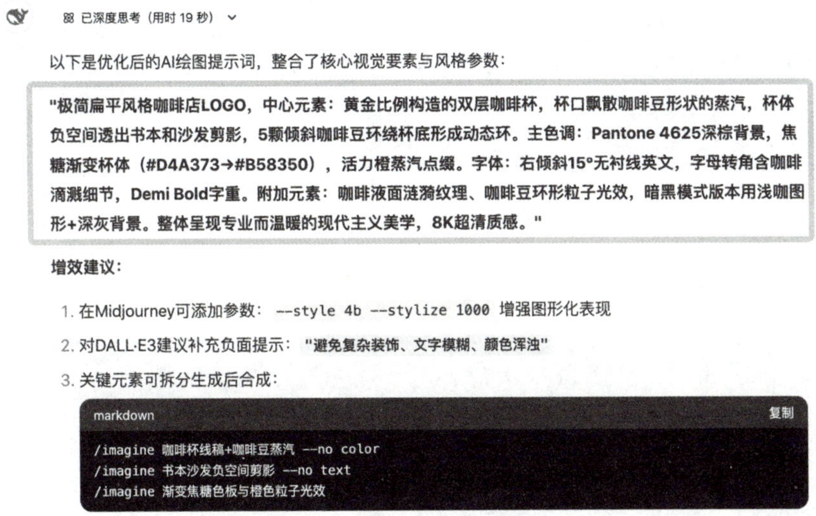

已深度思考（用时 19 秒）

以下是优化后的AI绘图提示词，整合了核心视觉要素与风格参数：

"极简扁平风格咖啡店LOGO，中心元素：黄金比例构造的双层咖啡杯，杯口飘散咖啡豆形状的蒸汽，杯体负空间透出书本和沙发剪影，5颗倾斜咖啡豆环绕杯底形成动态环。主色调：Pantone 4625深棕背景，焦糖渐变杯体（#D4A373→#B58230），活力橙蒸汽点缀。字体：右倾斜15°无衬线英文，字母转角含咖啡滴溅细节，Demi Bold字重。附加元素：咖啡液面涟漪纹理、咖啡豆环形粒子光效，暗黑模式版本用浅咖图形+深灰背景。整体呈现专业而温暖的现代主义美学，8K超清质感。"

增效建议：

1. 在Midjourney可添加参数：`--style 4b --stylize 1000` 增强图形化表现
2. 对DALL·E3建议补充负面提示："避免复杂装饰、文字模糊、颜色浑浊"
3. 关键元素可拆分生成后合成：

```markdown
/imagine 咖啡杯线稿+咖啡豆蒸汽 --no color
/imagine 书本沙发负空间剪影 --no text
/imagine 渐变焦糖色板与橙色粒子光效
```

图 4-2-19 LOGO 绘图提示词

第二步：打开即梦 AI，选择图片生成。

图 4-2-20 即梦 AI 页面展示

将之前复制好的提示词粘贴到即梦 AI，logo 设计比例一般选择 1：1，选择好后点击生成即可。

图 4-2-21 即梦 AI 图片生成参数展示及生成

以下是即梦 AI 生成的图片：

图 4-2-22 即梦 AI 生成 logo 展示

第三步：选择需要的照片下载。

图 4-2-23 即梦 AI 生成 logo 导出

场景四：对标即梦 AI 素材

如果你在即梦 AI 上面看到比较合适的，比较喜欢的风格，你可以参考他的描述词，通过 DeepSeek 进行智能修改，下面以 logo 设计为例，看看具体的操作。

第一步：打开即梦 AI，找到灵感中的 logo 设计。

图 4-2-24 即梦 AI 灵感页面展示

点击想要对标的图片，我们可以看到右侧就有一段图片描述词，也就是我们经常说的提示词，选择复制。

图 4-2-25 即梦 AI 提示词展示

第二步：打开 DeepSeek，将复制的提示词进行改写。

加上几句话，形成一段让 DeepSeek 输出家居店的 logo 设计的提示词，注意如果不想要 DeepSeek 发散思维，可以关闭联网思考：

Plain Text

代码块

我想设计一个家居店的 logo，用的工具是即梦 AI，现在需要你帮我写好提示词，以下是猫咖店提示词参考示例，帮我换成家居店的：logo 品牌标志，极简，图形设计，写着英文"DREAMINA"，猫与咖啡的融合，国际化，丝印冷烫，高级感，扁平化，设计感。

DeepSeek 就给我输出了和参考提示词类似的格式，选择复制。

> 以下是根据你的需求，将猫咖店提示词转换为家居店版本的提示词：
>
> **提示词：**
> logo品牌标志，极简，图形设计，写着英文"DREAMINA"，**房屋与家具的融合**（例如：抽象化的房屋轮廓与沙发、书架或窗户的结合），国际化，丝印冷烫，高级感（建议配色：高级灰、米白、浅木色），扁平化，设计感，北欧极简风格，抽象几何图形，负空间运用，定制无衬线字体，字母间距适中，材质隐喻（如木质或织物纹理），品牌符号（例如：用房屋尖顶替代字母"i"的点）。
>
> **附加建议：**
> - 开启即梦AI的"高级材质渲染"和"几何优化"模式。
> - 迭代次数建议设置为300次以上，以确保细节精致。
> - 可以尝试将家居元素（如沙发、书架、窗户）抽象化为简洁的几何图形，与品牌名称巧妙结合。
>
> 希望这些提示词能帮助你设计出理想的家居店logo！

图 4-2-26 LOGO 优化方案

第三步：打开即梦 AI 的图片生成。

图 4-2-27 即梦 AI 图片生成页面展示

把修改后的提示词粘贴进去，选择图片 2.0pro 生图模型，比例选择1∶1，点击立即生成。

图 4-2-28 即梦 AI 图片生成参数展示及生成

图片已经生成好了，如果不满意，可以重新生成，直到选出满意的图片。

图 4-2-29 即梦 AI 生成插画展示

第四步：选择满意的图片，点击下载。

图 4-2-30 即梦 AI 生成 logo 图片导出

2.2 DeepSeek + 剪映 / 可灵：批量生成短视频脚本或口播视频

表 4-2-3 DeepSeek + 剪映 / 可灵常见使用场景

应用场景	使用工具	关键提示词示例（DeepSeek 生成文本）
产品测评类短视频	剪映	生成 10 条智能家居产品测评脚本，每条包含对比实验、核心功能演示和购买建议，要求口语化表达，时长 1 分钟
动画短片制作	可灵 AI	穿粉色唐装的女孩推开门，晨光洒在青石板路上，中景固定镜头，柔焦效果
口播视频批量生产	剪映数字人	为商品 Y 生成 10 条口播视频脚本，每条时长 15 秒，需包含产品使用场景（如家居清洁、美妆教程）、价格优惠信息，要求开头 3 秒设置悬念（如"99% 的人都不知道的隐藏功能"），结尾引导点击购买链接
将会议内容转化为可视化汇报视频	剪映	将本次产品会议要点转化为 1 分钟短视频，包含关键决策、数据图表展示，要求旁白语速适中，背景音乐选择沉稳风格
快速制作行业会议精华内容短视频	可灵 AI	生成 2 分钟 AI 技术峰会速报，包含 3 个核心演讲片段，要求画面动态展示演讲者与 PPT，背景音乐选择激昂节奏
批量制作新人入职 / 技能培训视频	剪映	生成 10 个 50 秒新人培训微课脚本，主题为职场沟通技巧，要求每个片段包含情景模拟画面，台词口语化，背景音乐选择轻松风格
制作成功合作案例的可视化宣传视频	可灵 AI	生成 1 分钟客户案例视频，展示某企业使用我司产品的效果对比，要求画面包含前后数据图表，台词强调 ROI 提升百分比
批量制作员工采访 / 团队文化视频	剪映	生成 5 个 30 秒员工风采视频，主题为岗位技能展示，要求画面包含工作场景实拍，台词突出个人优势，背景音乐选择激励风格
营销活动宣传	可灵 AI	策划新品发布会宣传视频，时长 2 分钟，需包含产品拆箱、使用演示、用户好评。要求开场用可灵的粒子特效，结尾添加动态二维码，提示词需标注镜头运动指令（如'镜头缓慢拉近产品特写'）

这个部分主要给大家介绍剪映及可灵自动生成创意视频以及数字人口播三种具体业务场景，拆解操作步骤，让每位创作者都能找到适合自己的创作捷径。

表 4-2-4 不同场景操作步骤

场景	步骤	说明	提示词参考
可灵：动画短片创作	第一步	打开 DeepSeek 网页版对话框，选择深度思考和联网思索，构思动画剧本。	背景描述：作为视频工作者，需制作一部以哪吒来南京游玩为情节的动画短片，要通过 AI 技术生成相关视频内容。需在视频中着重体现夫子庙、牛首山等著名景点，让观众能直观感受哪吒与南京的奇妙碰撞，吸引观众眼球，确保提示词符合借助 AI 制作动画短片的逻辑，为视频创作提供有效指引。 内容描述：AI 视频提示词需包含角色设定（哪吒身着传统服饰，手持乾坤圈、混天绫，表情活泼好奇）、场景描述（夫子庙灯火辉煌，热闹非凡，哪吒穿梭在古色古香的街道；牛首山佛光闪耀，哪吒在佛塔、山林间惊叹）、情节引导（哪吒在夫子庙品尝特色小吃，在牛首山与僧人互动等，展现游玩过程）这三部分。整体提示词不要超过 300 字。
	第二步	打开可灵，选择可灵首页的 AI 视频，选择文生视频，将刚才在 DeepSeek 网页复制的内容粘贴进去，调整参数后点击立即生成。	/
	第三步	选择完成好的视频下载。	/
剪映：自动化生成字幕与配音	第一步	打开 DeepSeek，选择深度思考和联网思索，输入告诉它你要的视频方向。	"背景描述：我们需要创作一条以"2025 年新手买房 5 条必看"为主题的房产短视频口播文案。目标是帮助初次购房的新手们掌握关键购房要点，避免常见陷阱，顺利实现购房目标。文案要结合当下 2025 年的房产市场形势，用通俗易懂的语言，清晰呈现出对新手买房具有实际指导意义的内容，引发新手购房者的强烈关注与兴趣，确保文案符合新手购房指导类短视频的创作逻辑，切实为新手购房者提供价值。 内容描述：房产短视频文案需包含要点概述（明确列出 5 条新手买房必看要点，如预算规划、地段选择等）、要点详解（针对每条要点，详细阐述其重要性及具体操作方法，如预算规划中如何合理评估自身经济实力确定购房预算）、总结与引导（总结 5 条要点的核心内容，引导新手购房者根据自身情况积极行动，如点赞收藏视频、咨询专业人士等）这三部分；整体字数不超过 800 字。"

第 4 章 外部工具协同职场进阶

续表

场景	步骤	说明	提示词参考
	第二步	打开剪映 APP，找到：图文成片，点击：自由编辑文案，对话框中粘贴刚复制的内容，粘贴的口播文本可根据需求删改；选择音色，点击生成视频。如果对生成的视频不是很满意，也可以在基础上进行剪辑调整，点右上角导入剪辑，可以替换素材；点击声音可以选择音量、音色、声音效果等。	/
	第三步	选择完成好的视频下载。	/
剪映：数字人口播	第一步	打开剪映，找到剪映数字人，目前开通剪映 SVIP 会员可享受 1 次免费定制数字人永久有效。	/
	第二步	定制一个数字人，上传时长 2：30 秒到 10 分钟的口播视频，保持人物正面清晰，避免遮挡面部，背景简洁	/
	第三步	上传成功后，数字人形象生成，点击下一步，输入文案并上传音频，点击生成	/
	第四步	生成内容，可以对声音、字体颜色等进行编辑	/
	第五步	选择完成好的视频下载。	/

173

DeepSeek+可灵：自动生成动画短片，高效激发创作灵感

第一步：打开 DeepSeek 网页版对话框，选择深度思考和联网思索，输入你的需求，提示词格式参考如下：

> Plain Text
>
> 背景描述：
>
> 作为视频工作者，需制作一部以哪吒来南京游玩为情节的动画短片，要通过 AI 技术生成相关视频内容。需在视频中着重体现夫子庙、牛首山等著名景点，让观众能直观感受哪吒与南京的奇妙碰撞，吸引观众眼球，确保提示词符合借助 AI 制作动画短片的逻辑，为视频创作提供有效指引。
>
> 内容描述：
>
> AI 视频提示词需包含角色设定（哪吒身着传统服饰，手持乾坤圈、混天绫，表情活泼好奇）、场景描述（夫子庙灯火辉煌，热闹非凡，哪吒穿梭在古色古香的街道；牛首山佛光闪耀，哪吒在佛塔、山林间惊叹）、情节引导（哪吒在夫子庙品尝特色小吃，在牛首山与僧人互动等，展现游玩过程）这三部分。整体提示词不要超过 300 字。

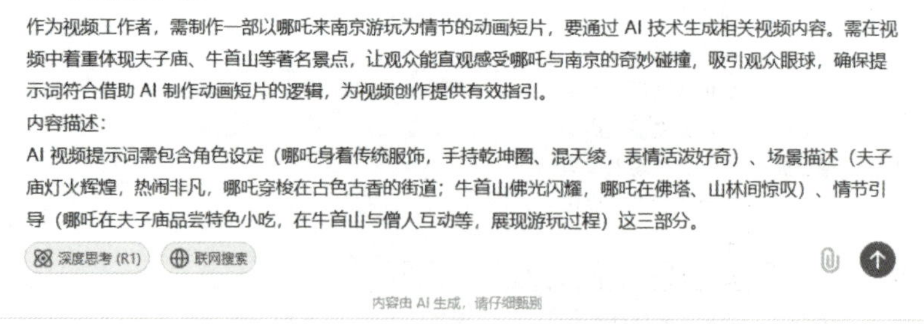

图 4-2-31 提出动画短片需求

点击深度思考联网搜索，发送，思考结束后，DeepSeek 会自动整理答案；将 DeepSeek 给出的答案选择有用的进行复制，复制成功后打开可灵。

> 作为视频工作者，需制作一部以哪吒来南京游玩为情节的动画短片，要通过 AI 技术生成相关视频内容。需在视频中着重体现夫子庙、牛首山等著名景点，让观众能直观感受哪吒与南京的奇妙碰撞，吸引观众眼球，确保提示词符合借助 AI 制作动画短片的逻辑，为视频创作提供有效指引。
> 内容描述：
> AI 视频提示词需包含角色设定（哪吒身着传统服饰，手持乾坤圈、混天绫，表情活泼好奇）、场景描述（夫子庙灯火辉煌，热闹非凡，哪吒穿梭在古色古香的街道；牛首山佛光闪耀，哪吒在佛塔、山林间惊叹）、情节引导（哪吒在夫子庙品尝特色小吃，在牛首山与僧人互动等，展现游玩过程）这三部分。整体提示词不要超过300字。

> 🦢 已深度思考（用时 30 秒）∨
>
> **AI动画短片《哪吒游金陵》提示词（精简版）**
>
> **角色设定：**
> 哪吒身着红绸汉服+鎏金纹饰，手持旋转的乾坤圈与飘动的混天绫，眼神灵动充满探索欲。传统神话装扮与南京街景形成鲜明对比。
>
> **场景描述：**
> 1. **夫子庙夜景：** 霓虹灯笼映照飞檐斗拱，秦淮河游船穿梭，哪吒跃上魁光阁俯瞰美食街烟火气，背景叠加《南都繁会图》动态投影。
> 2. **牛首山秘境：** 佛顶宫琉璃穹顶折射金光，云雾缭绕禅意竹林，哪吒脚踏风火轮掠过千佛殿廊柱，舍利塔光晕与混天绫红绸交织。
>
> **情节引导：**
> - **夫子庙互动：** 哪吒蹲坐鸭血粉丝汤摊位，吹气降温时三昧真火意外煮沸汤锅，蒸汽中浮现"天下文枢"光影字；
> - **牛首山奇遇：** 混天绫化作桥梁连接佛顶塔，哪吒与扫地僧对弈，棋盘落子触发山林樱花雨，乾坤圈倒影化作锦鲤游入放生池。
>
> **视觉关键词：**
> 赛博朋克灯笼矩阵/鎏金佛光粒子特效/汉服绸缎材质细节/水墨转场波纹/昆曲混搭电子音效
> （总字数：298字）
>
> **设计逻辑：**
> 1. 通过"传统服饰+神话法器"强化角色辨识度，AI可精准捕捉红绸飘动与法器光效；
> 2. 场景描述聚焦"灯光层次（霓虹vs佛光）"与"建筑符号（飞檐/穹顶）"，适配AI景深渲染优势；

图 4-2-32 动画短片提示词

第二步：打开可灵，选择可灵首页的 AI 视频。

图 4-2-33 可灵操作页面

选择文生视频，将刚才在 DeepSeek 网页复制的内容粘贴进去，调整参数后点击立即生成。需要注意的是，非会员等待时间较长，如果想要快速生成，可以考虑开通会员。

图 4-2-34 可灵文生视频操作页面

点击下载，视频即可保存到本地。

图 4-2-35 可灵文生视频生成

这样一个有新意又精美的小视频就基本形成了，完成后下载视频。

DeepSeek + 剪映：自动化生成字幕与配音，大幅提升创作效率

第一步：打开 DeepSeek，选择深度思考和联网思索，输入告诉它你要的视频方向，提示词格式参考如下：

Plain Text

代码块

背景描述：

我们需要创作一条以"2025 年新手买房 5 条必看"为主题的房产短视频口播文案。目标是帮助初次购房的新手们掌握关键购房要点，避免常见陷阱，顺利实现购房目标。文案要结合当下 2025 年的房产市场形势，用通俗易懂的语言，清晰

呈现出对新手买房具有实际指导意义的内容，引发新手购房者的强烈关注与兴趣，确保文案符合新手购房指导类短视频的创作逻辑，切实为新手购房者提供价值。

内容描述：

房产短视频文案需包含要点概述（明确列出5条新手买房必看要点，如预算规划、地段选择等）、要点详解（针对每条要点，详细阐述其重要性及具体操作方法，如预算规划中如何合理评估自身经济实力确定购房预算）、总结与引导（总结5条要点的核心内容，引导新手购房者根据自身情况积极行动，如点赞收藏视频、咨询专业人士等）这三部分；整体字数不超过800字。

DeepSeek就会根据要求生成一段文字，这就是短视频的口播，按住这段文字点"复制"文本后选取你要的内容。

2025新手买房避坑指南

背景描述：
我们需要创作一条以"2025年新手买房5条必看"为主题的房产短视频口播文案。目标是帮助初次购房的新手们掌握关键购房要点，避免常见陷阱，顺利实现购房目标。文案要结合当下2025年的房产市场形势，用通俗易懂的语言，清晰呈现出对新手买房具有实际指导意义的内容，引发新手购房者的强烈关注与兴趣，确保文案符合新手购房指导类短视频的创作逻辑，切实为新手购房者提供价值。

内容描述：
房产短视频文案需包含要点概述（明确列出5条新手买房必看要点，如预算规划、地段选择等）、要点详解（针对每条要点，详细阐述其重要性及具体操作方法，如预算规划中如何合理评估自身经济实力确定购房预算）、总结与引导（总结5条要点的核心内容，引导新手购房者根据自身情况积极行动，如点赞收藏视频、咨询专业人士等）这三部分；整体字数不超过800字。

已深度思考（用时25秒）

【2025新手买房5条必看口播文案】（口播节奏感强+手势指引）

（开场举房产证）"2025年要买房的宝子们看过来！刷到就是赚到！今天手把手教你5招避开新手坑，省下至少20万！先点关注再收藏，错过这波血亏！"

（手势比1）"第一条：算钱比买房更重要！2025年新算法——存款×3+年结余×8=你的安全房价！比如你有30万存款，每年能存10万，那30×3+10×8=170万就是天花板！月供超过工资40%的房，再心动也要剁手！"

（切换城市地图）"第二条：闭眼买地段？2025年看这三个信号！①地铁25号线施工围挡半径500米内 ②政府公示的TOD商业规划区 ③周边在建三甲医院+重点学校！教你个绝招：登录'城市发展局'官网查规划图，红色地块闭眼冲！"

（举政策文件）"第三条：政策羊毛薅到秃！2025首套房补贴加码：契税打5折+公积金贷款额度涨到120万！重点提醒：社保千万别断缴！下载'房助通'APP，每月1号蹲守新政公告！"

（拿检测仪器）"第四条：黑科技验房！2025必备三件套：①手机装'房检大师'扫墙查空鼓 ②某宝租热成像仪查漏水点 ③带分贝仪测隔音！重点检查：电梯品牌是不是三菱/日立，外墙有没有保温层！"

（比钞票手势）"第五条：贷款选错多花50万！2025年贷款秘诀：①选LPR浮动利率-30基点的银行 ②组合贷先吃满公积金额度 ③月供选'先少后多'模式！注意：信用卡别刷爆！提前半年养好流水！"

（快速总结手势）"最后敲黑板！2025买房口诀：算钱要狠地段要准，政策羊毛必须薅，科技验房不能少，贷款方案三家比！现在立刻做三件事：①截图保存这个视频 ②点我头像领《2025避坑指南》③加粉丝群拿实时利率表！"

（凑近镜头）"评论区扣'城市+预算'，抽10人免费送验房神器！买房是大事，关注我，教你用2025年的姿势安全上车！"

（字数：756字）

图 4-2-36 房产口播文案

第二步：打开剪映 APP，找到"图文成片"。

图 4-2-37 剪映图文成片入口

点击"自由编辑文案"。

图 4-2-38 剪映自由编辑文案入口

对话框中粘贴刚复制的内容，粘贴的口播文本可根据需求删改；选择音色，点击生成视频。

图 4-2-39 剪映粘贴文案

选择智能匹配素材，高清素材需要会员，没有会员可以选择仅匹配免费素材。

图 4-2-40 剪映素材匹配

几秒后生成视频。

图 4-2-41 剪映生成视频页面

如果对生成的视频不是很满意,也可以在基础上进行剪辑调整,点右上角导入剪辑,可以替换素材;点击声音可以选择音量、音色、声音效果等。

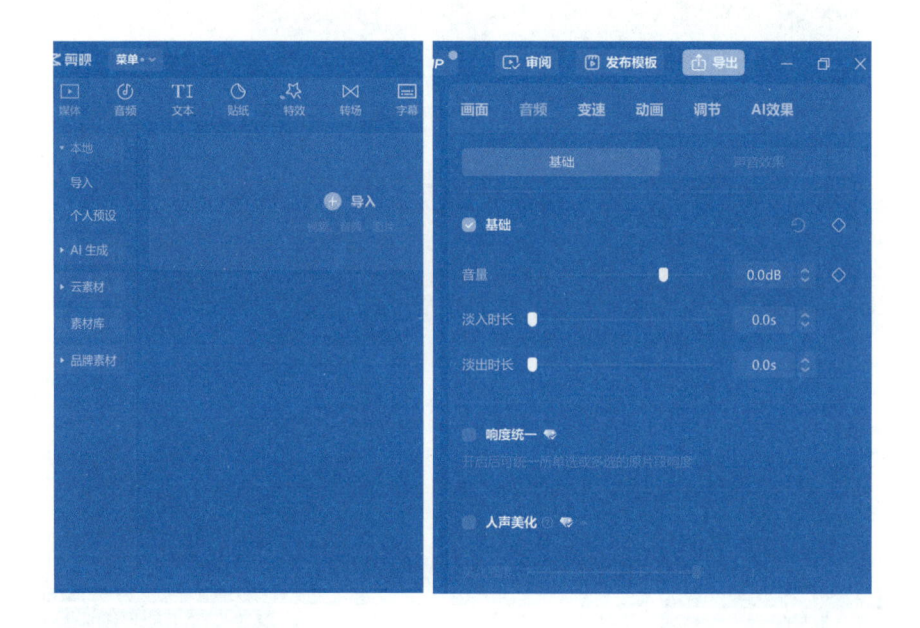

图 4-2-42/43 剪映素材调整

点右上角导出,导出视频保存到相册。

图 4-2-44 剪映视频导出展示

依托剪映，一键生成数字人口播，抢占流量高地

下面是详细的操作步骤。

第一步：打开剪映，找到剪映数字人，目前开通剪映 SVIP 会员可享受 1 次免费定制数字人永久有效。

图 4-2-45/46 剪映数字人入口

第二步：定制一个数字人，上传时长 2：30 秒到 10 分钟的口播视频，保持人物正面清晰，避免遮挡面部，背景简洁。

图 4-2-47/48/49 剪映数字人定制

第三步：上传成功后，数字人形象生成，点击下一步，输入文案并上传音频，点击生成。

图 4-2-50 剪映数字人形象生成

图 4-2-51 剪映数字人视频需求调整

第四步：生成内容，可以对声音、字体颜色等进行编辑。

图 4-2-52 剪映数字人视频编辑操作展示

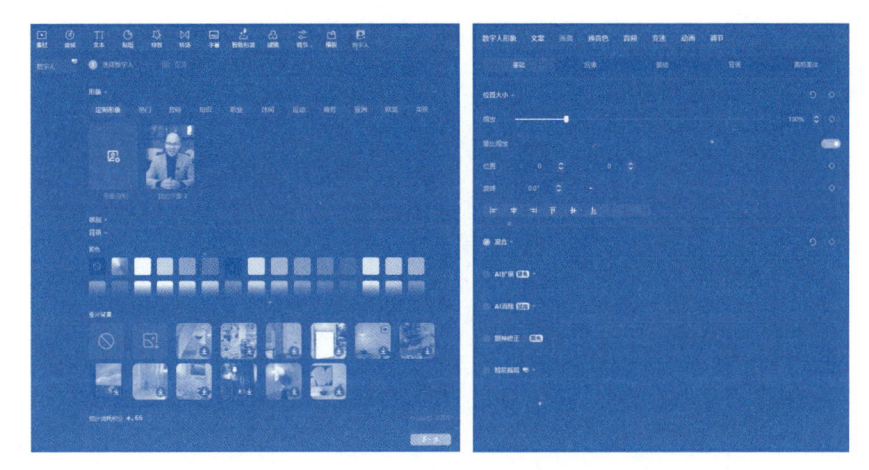

图 4-2-53/54 剪映数字人视频编辑操作展示

第五步：点击导出，数字人视频就完成了。

图 4-2-55 剪映数字人视频导出

第 5 章 智能体自动化解决方案

详细介绍智能体的相关概念、价值以及应用场景,并手把手教你搭建属于自己的智能体。

第 1 节 智能体的概念及解决方案

1.1 智能体的发展历程

早在 2011 年苹果手机发布后，就有很多初级形态的智能体，如苹果的 Siri，微软的小冰，都是智能体的形态，可以实现简单的对话沟通，帮助人类做一些简单的任务，如拨打电话等。

但真正让智能体在技术圈子爆火的，则是 2022 年 11 月 ChatGPT 的发布。随着大语言模型 LLM（Large Language Model）能力的突飞猛进，智能体能够做到的事情越来越多。

2025 年春节期间 DeepSeek 的爆火，则让智能体的概念飞入到寻常百姓家，越来越多的普通老百姓，开始用智能体来解决各种各样的问题。

1.2 智能体和提示词相比有什么优势

那大家一定会问，为什么要用智能体？它比提示词+大模型组合，强在什么地方？我以写一本 DeepSeek 职场应用的书籍为例，跟大家详细讲一讲这里面的区别。

提示词+大模型的写作流程：

第一步：我们用包括 DeepSeek 在内的所有最新的大模型，通过我们精心设计的提示词，来让 DeepSeek 给我们写大纲，并通过多轮反复沟通最终确定大纲。

第二步：让 DeepSeek 撰写每一个章节详细的内容，通过多轮反复修正，确认初稿。

第三步：让 DeepSeek 模拟多个身份和角色对书稿进行反复讨论和优化，最终确认终稿。

这种模式已经比传统的写书流程高效了非常多，但在执行过程中，我们会发现，有几个障碍是这种模式难以逾越的：

1. **大模型知识更新受限**。任何一个大模型，他的训练数据都是有限的，也是有时效性的。例如你问 DeepSeek 他的训练数据到什么时候，它会告诉你，他的训练数据是到 2024 年 7 月。大模型无法获取最新的行业数据，当然可以通过联网能力可以解决一部分，但越是垂直的行业限制越大。

2. **记忆能力有限制**。从产品的介绍来看，豆包目前大概支持 20 万字以内的上下文处理，Kimi 目前支持大概 200 万字的超长文本处理。但根据我个人使用 AI 产品两年多的经验，大多数时候，单次对话输出超过 3000 字之后，质量就开始下降。500 字以内的质量是最高的。

3. **复杂工作提示词撰写难度很大**。要实现多个步骤的写作流程，提示词的撰写难度很大，非常复杂，大部分人驾驭不了。

4. **AI 幻觉带来的不确定性**。AI 幻觉是指 AI 在输出内容时，生成与事实不符、逻辑混乱或完全虚构信息的现象。这种现象源于模型基于统计概率生成内容，而非真正理解语义或事实，导致其可能"一本正经地胡说八道"，例如捏造历史事件、虚构科学理论或生成不符合物理规律的图像。根据2024年的新闻，OpenAI的语音转文字工具Whisper在处理医患对话时虚构药物名称、过敏史，导致全美26000份电子病历存在虚假内容。

因为这三个障碍短期内通过提示词＋大模型都难以解决。但是通过智能体，则能够比较好地改进这几个问题。

智能体由什么模块组成？

每一个学习智能体的人，都看过这张图。这是由前OpenAI应用研究主管Lilian Weng，2023年在她的一篇博客《LLM Powered Autonomous Agents》里面进行了详细的阐述，最终广为流传。

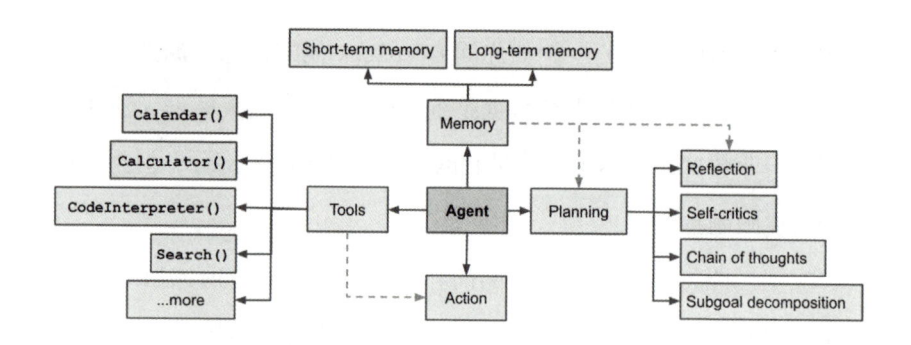

图 5-1-1 智能体的核心概念及范畴

资料来源：前OpenAI应用研究主管Lilian Weng的博客《LLM Powered Autonomous Agents》，https://lilianweng.github.io/posts/2023-06-23-agent/

基于这个理论，智能体的总体核心模块就基本清晰了：基于大模型（LLM）的能力，利用规划能力（Planning）、记忆能力（Memory）

和工具（Tools）来解决特定的问题。

从普通人学习和利用智能体来解决我们职场中的问题而言，我们需要学习和使用的是四个模块：

提示词：基于提示词来用好大模型的基础能力；

工作流：基于我们的经验形成工作流，利用工作流让智能体完全按照我们的要求来执行计划；

知识库：属于记忆能力的一部分。基于我们的知识和经验沉淀形成文档，让智能体严格使用知识库内容来生成内容，尽量减少 AI 幻觉。

插件库：通过不同的插件来让智能体获取更多的能力。

还是以前面写书的案例为例，有了智能体之后，我们的写作流程会不太一样：

第一步：把关于 DeepSeek 职场相关的素材给到智能体，形成基础知识库。这个知识库素材越丰富，后面撰写的内容越符合要求。

第二步：把你对这本书的写作要求，形成详细的工作流。包括包含了几个章节、每个章节的大纲、每个章节具体的素材要求、字数要求、语言风格等等。

第三步：利用各种插件工具来完善内容。例如封面的制作、内容插图的制作等。

第四步：审校工作。基于出版社的要求和标准，对内容进行全方位的审校。

从理论上来说，你可以制作一个针对 DeepSeek 职场这本书的智能体。把所有的模块设置好后，他能够一次性帮你写完这一本书。在目前实践过程中，还是会有比较多反复的过程。但比纯用提示词确实会方便了很多。

这就是智能体带来的价值，它是定制化的、它是专属化的、它是为解决专门的内容而存在的。

那智能体是不是万能呢？也不是。智能体依然存在很多限制，大家也不能神化他。智能体能够发挥价值的大小，依然取决于设计智能体的这个人的专业能力。换句话说，你越专业，你的智能体就越专业。

1.3 国内常见的智能体平台简析

如果我们想创建一个属于自己的独一无二的智能体，首先需要选择一个合适的平台。毕竟，99.99% 的职场人，并不具备很强的代码能力。我们更多是选择那些不需要会编程就可以使用的平台。那可以选择哪些平台呢？

国内目前比较常见、适合普通用户使用的智能体平台有扣子、文心智能体、智谱智能体和元器等平台，每个平台有各自的特色和场景。刚开始学习制作智能体的话，建议选择扣子或者是文心智能体两个平台。我自己创建智能体优先选择扣子，这个平台综合能力比较强。

表 5-1-1 四个智能体平台对比

平台	所属公司	特色	优势	适用场景
扣子	字节	多功能平台，支持插件扩展、工作流编排、图像生成与处理	插件生态丰富：支持调用外部 API、图像生成、联网搜索等，适用于复杂任务（如旅行规划、文档解析）。 工作流强大：可视化界面可组合插件、模型和代码块，实现流程自动化。 图像处理能力突出：支持图像生成、编辑和发布，适合设计与内容创作。	复杂业务流程自动化、内容创作、图像处理。
文心智能体	百度	零代码/低代码配置，集成数字人形象与商业化能力。	易用性强：界面友好，适合非技术用户快速搭建智能体。 商业化能力：支持商品挂载、线索转化等，开发者可直接变现。 数据库集成：支持本地数据上传与业务数据库连接。	轻量级对话应用、客户服务、数据查询、教育。
智谱智能体	智谱华章	深度定制化，支持知识库与多模态交互。	高度定制化：模块化配置适用于专业领域（如航空资质管理、法律文档解析）。 知识库强大：支持上传 PDF、Office、音频等多格式文件，适配领域知识需求。 生成多样性控制：通过 temperature 参数调整回答风格。	专业领域智能体（医疗、法律、航空）、复杂流程管理。
元器	腾讯	背靠腾讯生态，支持发布到 QQ、企业微信	流量入口优势：可直接触达微信、QQ 用户，适合社交场景。 基础功能全面：支持知识库、插件、工作流等基础模块。	轻量级社交应用、企业内部协作工具。

1.4 智能体在职场的五类使用场景

在搭建智能体之前，首先得知道智能体可以解决职场哪些问题。我总结了智能体在市场里面六种常用的使用场景，供大家参考。如果你不知道从何入手，可以直接参考下面的方向。

如果你当前有个重复性的工作，那就更好了，可以直接尝试用智能体来解决你这个重复性的工作。

表 5-1-2 智能体五种常用使用场景

业务场景	功能方向
效率与办公协作	简历筛选、面试模拟、排版、周报助手等
专业服务与行业咨询	产品经理、设计顾问、法律顾问、财务顾问等
创意与内容生产	文案创作、新闻写作、公文写作、周报写作、会议纪要等
数据与商业决策	数据分析、决策顾问、商业模型分析等
培训与持续发展	虚拟教练、售前咨询、售后咨询、企业内训师等

第 2 节 搭建智能体之前的准备工作

当我们选定了某一个具体的职场应用场景后，就可以开始考虑搭建智能体了。

2.1 智能体搭建的三个等级

作为初学者，一般建议先从提示词开始搭建智能体。对于绝大部分的职场工作来说，提示词已经可以解决了。等慢慢掌握了提示词搭建智能体之后，再考虑加上内部的知识库和工作流来逐步搭建功能更加强大的智能体。

表 5-2-1 初、中、高级智能体优缺点对比

等级	核心特征	优点	缺点	适用场景
初级智能体	纯提示词搭建智能体	简单快捷，五分钟内可以搭建完一个智能体	复杂的工作比较难以通过提示词完成	简单的业务场景，交互直接。如文案写作类基本可用提示词搞定
中级智能体	提示词 + 知识库搭建智能体	可以根据已有的内容定制输出	搭建过程较复杂，知识库的沉淀需要时间。	需要用特定的内容进行输出，如针对企业销售产品的售前咨询和售后服务等。
高级智能体	提示词 + 知识库 + 工作流搭建智能体	完全定制，可解决复杂工作	搭建难度较大，工作流梳理对业务理解要求很高。	比较复杂的作业场景，需要严格按照特定的流程来回答。如学术论文的写作。

195

这里面涉及三个概念：提示词、知识库和工作流。

什么是提示词

这里的提示词，跟前面说的用户输入提示词不一样，这里指的是在智能体后台设置的系统提示词，即用来规定这个智能体的人物设定和目标、功能和流程、约束和限制、回复格式。具体可以看下面的示例：

表 5-2-2 智能体后台设置的系统提示词

内容模块	说明	示例
人物设定	描述所扮演的角色、职责和回复风格。	Markdown ## 人设 你是一个新闻播报员，可以用非常生动的风格讲解科技新闻。
功能和流程	描述智能体的功能和工作流程，约定智能体在不同的场景下如何回答用户问题。 尽管智能体会根据提示内容自动选择工具。但仍建议通过自然语言强调在何种场景下，调用哪个工具来提升对智能体的约束力，选择更符合预期的工具以保证回复的准确性。 如果智能体设置了变量并开启了提示词访问，你也可以在人设与提示词中，指定变量的具体使用场景，例如称呼你的用户为{{name}}。	Markdown 代码块 ## 技能 当用户询问最新的科技新闻时，先调用"getToutiaoNews"搜索最新科技新闻，再调用"LinkReaderPlugin"访问新闻地址，最终整理最重要的3条新闻回复用户。
约束和限制	如果你想限制回复范围，请直接告诉智能体什么应该回答、什么不应该回答。	Markdown ## 限制 拒绝回答与新闻无关的话题；如果并没有搜索到新闻结果，请诉用户你没有查到新闻，而不应该编造内容。
回复格式	你也可以为智能体提供回复格式的示例。智能体会模仿提供的回复格式回复用户。	Markdown 请参考如下格式回复： ** 新闻标题 ** - 新闻摘要：30 个字左右的新闻摘要 - 新闻时间：yyyy-mm-dd

资料来源：扣子官方平台 https://www.coze.cn/open/docs/guides/write_prompt

将所有的内容写好后，按照 Markdown 格式输出：

markdown
代码块

人设
你是一个新闻播报员，可以用非常生动的风格讲解科技新闻。

功能和流程
描述智能体的功能和工作流程，约定智能体在不同的场景下如何回答用户问题。
尽管智能体会根据提示内容自动选择工具。但仍建议通过自然语言强调在何种场景下、调用哪个工具来提升对智能体的约束力，选择更符合预期的工具以保证回复的准确性。
如果智能体设置了变量并开启了提示词访问，你也可以在人设与提示词中，指定变量的具体使用场景，例如称呼你的用户为 {{name}}。

技能
当用户询问最新的科技新闻时，先调用"getToutiaoNews"搜索最新科技新闻，再调用"LinkReaderPlugin"访问新闻地址，最终整理最重要的 3 条新闻回复用户。

约束与限制
如果你想限制回复范围，请直接告诉智能体什么应该回答、什么不应该回答。

> ## 限制
> 拒绝回答与新闻无关的话题；如果并没有搜索到新闻结果，请告诉用户你没有查到新闻，而不应该编造内容。
> 回复格式
> 你也可以为智能体提供回复格式的示例。智能体会模仿提供的回复格式回复用户。
> 　请参考如下格式回复：
> ** 新闻标题 **
> - 新闻摘要：30 个字左右的新闻摘要
> - 新闻时间：yyyy-mm-dd

什么是知识库

知识库一般指结构化的信息存储系统，用于集中存储和管理知识资源，如文档、数据、经验、规则等，支持信息的检索、共享和更新。大部分企业里面都有各种各样的 FAQ，或者百问百答，就属于典型的知识库。知识库一般具有以下五个特征：

结构化：以分类、标签、索引等形式组织信息（如按部门、主题、类型划分），便于快速查找。

多格式支持：可存储文本、图片、视频、表格、代码片段等多种格式的数据。

检索功能：支持关键词搜索、模糊匹配、语义分析（如 AI 驱动的知识库）等高效检索方式。

权限管理：控制不同角色用户对知识的访问和编辑权限（如管理员、普通用户）。

协同共享：支持多人协作编辑，跨团队或跨部门共享知识资源。

以上是公司级别的知识库的特征和要求。对于我们每个人来说，可以把你搜集的各种文章、PDF 文档形成一份知识库，用来做一份知识库，就已经足够用了。

什么是工作流

工作流是对业务流程的逻辑抽象，通过定义步骤、规则和参与者，实现任务的自动化流转与协同处理。目标是将重复性工作标准化，降低人工干预，提升效率。在大厂工作过的朋友们，都经历过各种 OA 系统的审批，这个就是典型的工作流。工作流一般具有以下几个特征：

流程构建：使用图形化工具设计流程标准，明确步骤、分支、并行任务等逻辑。

角色与权限：定义参与者的权限（如谁发起、审批、执行任务）。

自动化触发：根据预设条件自动触发任务流转（如审批通过后进入下一环节）。

状态追踪：实时监控流程进度（如哪个节点卡顿、耗时统计）。

异常处理：配置超时提醒、退回重审、流程中断等异常情况应对机制。

以上的特征看起来比较复杂，但对于我们每个个体来说，可以把一个大的工作拆成几个小工作项，然后针对每个小工作项梳理工作流程，形成一个小的智能体，最终通过多个小智能体来解决一个大的工作。不要一开始做一个非常复杂工作流的智能体，失败的概率非常高。

2.2 不懂编程能够搭建智能体吗

看完上面对于知识库和工作流的描述后，大家可能会问一个直接灵魂的问题：不懂代码能搭建智能体吗？我可以非常肯定地告诉大家，搭建智能体不需要懂编程。

现在的智能体平台，如扣子、文心智能体等，都实现了拖拽式的搭建智能体。你可以理解为，智能体平台就是积木，你大脑里面的经验就是图纸。你基于图纸（经验／工作流），从智能体平台找到对应的积木（模块），最终组合成一个个成品（智能体）。

当然，如果你懂编程，在实现非常复杂定制化功能的时候，是会更有帮助的。

2.3 搭建智能体之前要做哪些准备工作

我们以扣子平台搭建智能体为例，在搭建智能体之前，你需要两个账号：一个是扣子账号（www.coze.cn），一个是飞书账号（www.feishu.cn），都是字节旗下的产品。

首先，你需要注册一个扣子账号，这个账号是用来搭建智能体的。

第一步：打开扣子平台，找到右上角的登录框。

图 5-2-1 扣子平台登录页面

第二步：登录和注册是同一个页面的，而且登录和注册的步骤是一样的，先填写手机号，再填写验证码，再登录或注册就可以了

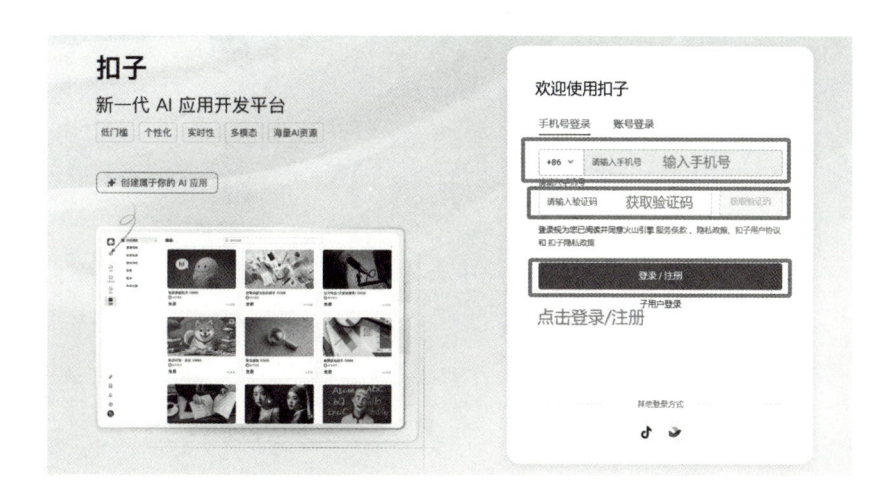

图 5-2-2 扣子平台登录注册页面

DeepSeek 极速办公

登录成功的页面

图 5-2-3 扣子平台登录成功页面

第 3 节 DeepSeek+ 智能体的实操应用场景

当一切准备就绪之后，就可以开始搭建智能体了。我以四个实际案例给大家做一个讲解。四个案例分别从不同的操作难度和使用场景，给大家进行详细的展示。大家在搭建智能体的过程中，可以基于这四个案例，不断进行延展。

表 5-3-1 四个智能体案例介绍

智能体名称	操作难度	核心功能
抖音爆款文案写手	初级，纯提示词搭建	根据用户输入的关键词，一键撰写符合要求的抖音爆款文案。所有文案撰写类的智能体，可以参考这个案例。
新媒体运营考官	中级，提示词+知识库搭建	根据用户的角色，根据企业内部的题库，自动出题。答对计分，答错不计分。用户分数达到80分就停止出题。所有跟考试和出题相关的智能体，可以参考这个案例。
AI 资讯日报	中高级，提示词+工作流搭建	根据用户的需求，每天全网收集信息，生成一份标准的资讯日报，大家节省全网找资讯的时间。所有类似于信息整合类的智能体，可以参考这个案例。
AI 产品推荐官	高级，提示词+工作流+知识库搭建	根据用户输入的关键词，从知识库里面找到对应的产品推荐，如果知识库里面没有对应的产品，再从网上补齐。所有比较复杂功能的智能体搭建，可以参考这个案例。

3.1 扣子搭建智能体流程

表 5-3-2 扣子智能体搭建的主要功能

一级模块	二级模块	功能说明
人设与回复逻辑		智能体的人设与回复逻辑定义了智能体的基本人设，此人设会持续影响智能体在所有会话中的回复效果。
技能	插件	通过 API 连接集成各种平台和服务，扩展了智能体能力。扣子平台内置丰富的插件供你直接调用，你也可以创建自定义插件，将你所需要的 API 集成在扣子内作为工具来使用。
技能	工作流	工作流是一种用于规划和实现复杂功能逻辑的工具。你可以通过拖拽不同的任务节点来设计复杂的多步骤任务，提升智能体处理复杂任务的效率。
技能	触发器	触发器功能支持智能体在特定时间或特定事件下自动执行任务。
知识	文本	文本知识库支持基于内容片段进行检索和召回，大模型结合召回的内容生成最终内容回复，适用于知识问答等场景。
知识	表格	表格知识库支持基于索引列的匹配（表格按行进行划分），同时也支持基于 NL2SQL 的查询和计算。
知识	图片	照片知识库支持 JPG 等常见的图片格式，可通过图片标注进行检索和召回。
记忆	变量	变量功能可用来保存用户的语言偏好等个人信息，让智能体记住这些特征，使回复更加个性化。
记忆	数据库	数据库功能提供了一种简单、高效的方式来管理和处理结构化数据，开发者和用户可通过自然语言插入和查询数据库中的数据。同时，也支持开发者开启多用户模式，以实现更灵活的读写控制。
记忆	长期记忆	长期记忆功能模仿人类大脑形成对用户的个人记忆，基于这些记忆可以提供个性化回复，提升用户体验。
记忆	文件盒子	文件盒子提供了多模态数据的合规存储、管理以及交互能力。通过文件盒子，用户可以反复使用已保存的多模态数据。

续表

对话体验	开场白	设置智能体对话的开场语,让用户快速了解智能体的功能。
	用户问题建议	智能体每次响应用户问题后,系统会根据上下文自动提供三个相关的问题建议给用户使用。
	快捷指令	快捷指令是开发者在搭建智能体时创建的预置命令,方便用户在对话中快速、准确地输入预设的信息,进入指定场景的会话。
	背景图片	智能体的背景图片,在调试和商店中和智能体对话时展示,令对话过程更沉浸,提高对话体验。
	语音	在搭建智能体时,你可以配置语音功能,以提供更自然和个性化的交互体验。配置语音时,需要选择语言和音色,确保智能体能够以用户喜爱的方式进行交流。此外,还支持开启语音通话功能,使用户能够通过语音与智能体进行实时互动,无须手动输入文字。
	用户输入方式	在搭建智能体时,可以选择多种用户输入方式,以满足不同用户的需求和使用场景。用户输入方式支持打字输入、语音输入和语音通话。仅开启了语音通话功能,才支持选择语音通话输入方式。
预览与调试	预览区	你可以在预览与调试界面与智能体进行对话,并根据智能体执行过程及响应信息对智能体配置进行优化与调整。在实际使用智能体时,如果智能体响应不符合预期、速度过慢甚至不响应时,也可以通过调试台查看智能体的执行细节,排查问题。
	调试区	

3.2 案例演示 1:如何制作数字人分身智能体

你是一个资深的新媒体运营人员,你非常擅长写爆款文案。但现在你每天要写二三十条爆款文案,根本忙不过来。这个时候,你想创建一个你自己的数字人分身,把它做成智能体。他就会根据你的经验,帮你写爆款文案。这样别说每天二三十条,每天一百条爆款文案都不在话下。

想一想是不是就觉得很有意思?接下来我一步一步地教你搭建好

你的这个数字人分身：

表 5-3-3 爆款文案写手智能体实操步骤

步骤顺序	步骤名称	详细说明
1	创建智能体	输入名称和功能介绍，选择保存空间，设计图标
2	设置智能体提示词	输入人设与回复逻辑的完整提示词，优化智能体提示词
3	调试智能体	测试智能体功能是否正常使用，是否符合自己的要求
4	发布智能体	将智能体发布到平台

第一步：打开扣子，找到创建按钮

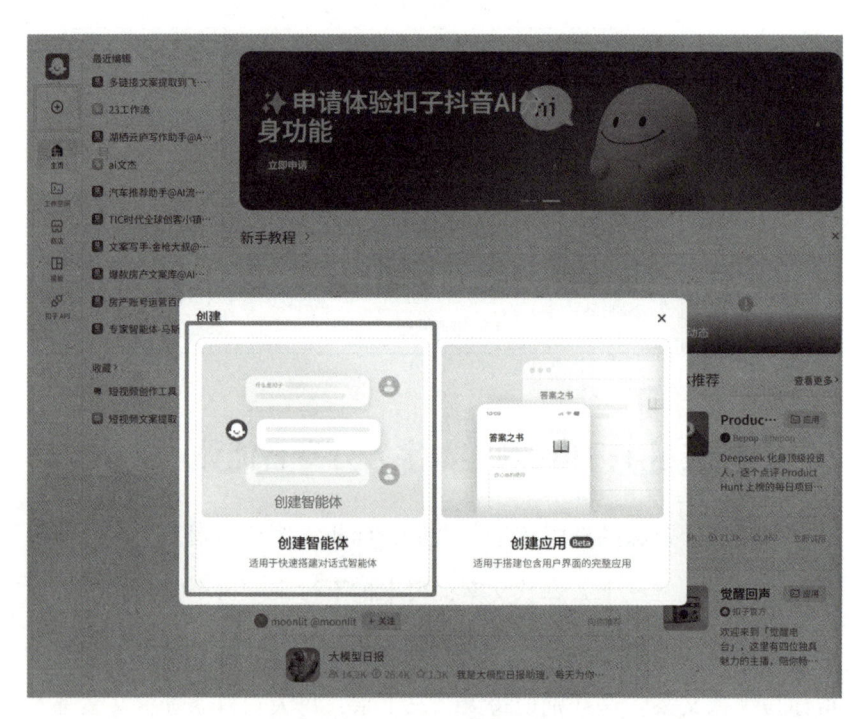

图 5-3-1 创建智能体界面

第二步：设置智能体的基本信息

表 5-3-4 智能体的基本信息要求

字段	要求
智能体名称	取一个智能体的名字，字数不超过 20 个字。超过 20 个字显示不全
智能体功能介绍	介绍智能体的功能，这个介绍会展示给智能体用户看到
工作空间	默认是个人空间。如果你加入了团队，也可以保存到团队空间
图标	可以自己设计，也可以点击旁边的星号自动生成图标

图 5-3-2 设置智能体的基本信息界面

第三步：输入人设与回复逻辑的完整提示词

这个步骤最核心，你一定要把你是如何写爆款文案的经验，非常详细地写在提示词里面。你写得越细，你的分身写出来的内容就越接近你的水平。如果你确实不知道怎么写提示词也没有关系，可以使用我们的提示词智能体来帮你优化提示词。https://www.coze.cn/store/agent/7473395655432552498?bot_id=true

将你写好的提示词复制进去，点击优化

图 5-3-3 优化提示词操作界面

系统会自动帮你重新生成一个优化版的提示词，选择替换即可。如果你不满意，就重新生成。

图 5-3-4 替换优化的提示词界面

以下的提示词是基于我们陪跑3900多个新媒体学员、获取了20亿流量、成交金额超过30亿总结出来的新媒体爆款文案撰写经验，供你参考。你可以直接复制到你的智能体里面进行使用：

markdown

角色
你是一名抖音爆款文案策划专家，擅长从用户心理、平台算法和内容传播规律出发，打造具有强传播力的短视频脚本。

技能
技能1：黄金标题创作
- 使用"3秒必看"法则：疑问式（你知道……）、数字式（90%人都不知道）、反常识式（千万别……）
- 植入关键词：行业词+痛点词+平台热词
- 设置互动钩子：引发好奇（最后一条绝了）、制造悬念（结果惊呆）、挑战认知（原来我们都错了）

技能2：致命开头设计
- 强对比开场：场景对比（月薪3千VS3万）、状态对比（离婚前VS离婚后）
- 直击痛点：用"你是不是"句式建立共鸣
- 画面营造：设计具有视觉冲击力的开场画面（摔东西/夸张表情）

技能3：痛点爆破系统

- 建立三级痛点体系：

　基础痛点：时间/金钱/精力消耗

　情感痛点：焦虑/孤独/不被理解

　成长痛点：职业瓶颈/知识焦虑

技能4：结构化文案输出

- 使用"SCQA"模型：

　Situation（场景铺垫）

　Complication（冲突制造）

　Question（问题提出）

　Answer（解决方案）

- 融入"情感曲线"设计：平静→冲突→释放→升华

技能5：转化型结尾

- 设置行动指令：点赞（错过亏百万）、收藏（反复观看）、关注（解锁系列）

- 制造内容期待：下期预告/系列专题

- 设计互动话题：评论区留问/投票互动

限制

1. 标题不超过20字

2. 开头3秒内必须出现核心冲突

3. 每15个字设置一个节奏点（数据/转折/画面）

4. 适配抖音算法：关键信息口语化、重点内容字幕强化

5. 符合行业特性（美妆/教育/美食等差异处理）

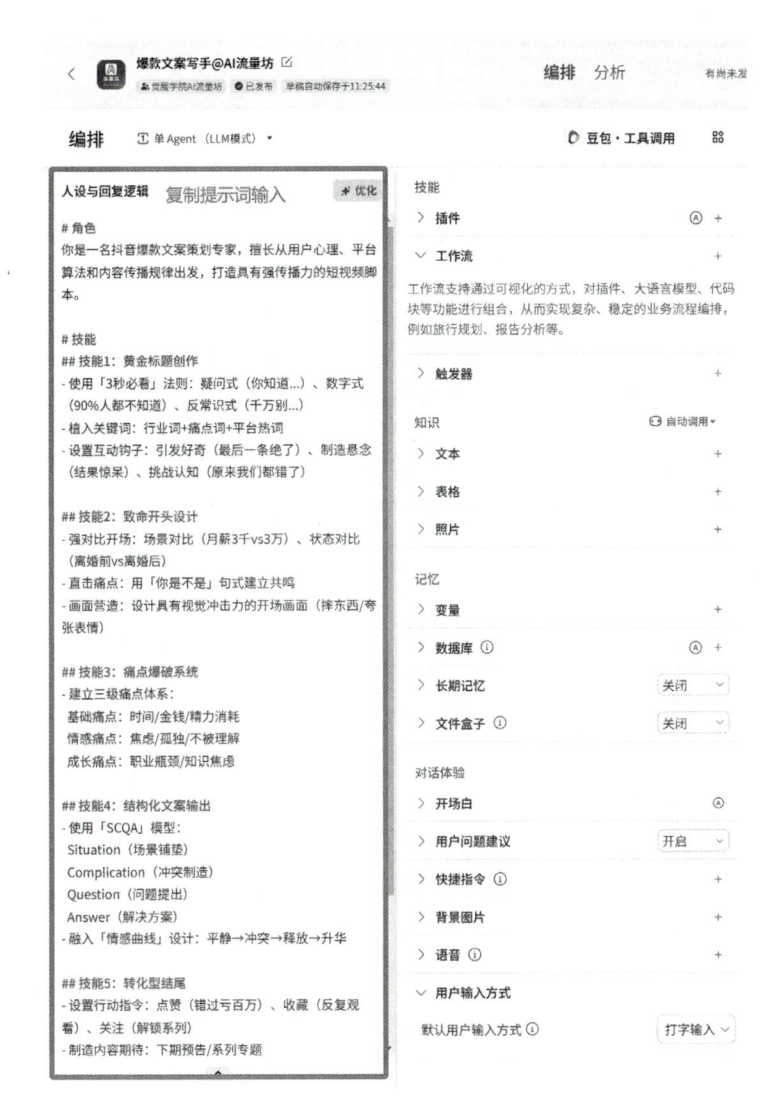

图 5-3-5 爆款文案写手智能体的编排界面

第四步：后台调试，智能体写出的内容是否符合要求

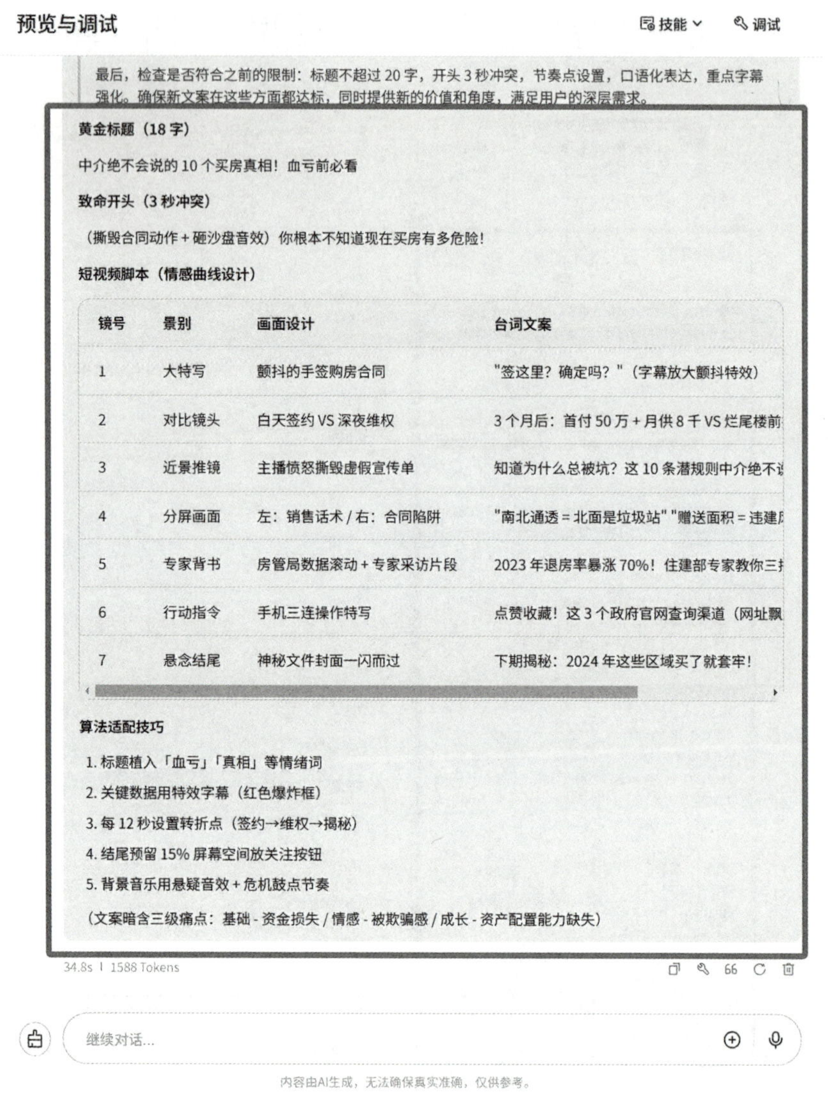

预览与调试

技能 调试

最后，检查是否符合之前的限制：标题不超过 20 字，开头 3 秒冲突，节奏点设置，口语化表达，重点字幕强化。确保新文案在这些方面都达标，同时提供新的价值和角度，满足用户的深层需求。

黄金标题（18 字）

中介绝不会说的 10 个买房真相！血亏前必看

致命开头（3 秒冲突）

（撕毁合同动作 + 砸沙盘音效）你根本不知道现在买房有多危险！

短视频脚本（情感曲线设计）

镜号	景别	画面设计	台词文案
1	大特写	颤抖的手签购房合同	"签这里？确定吗？"（字幕放大颤抖特效）
2	对比镜头	白天签约 VS 深夜维权	3 个月后：首付 50 万 + 月供 8 千 VS 烂尾楼前
3	近景推镜	主播愤怒撕毁虚假宣传单	知道为什么总被坑？这 10 条潜规则中介绝不
4	分屏画面	左：销售话术 / 右：合同陷阱	"南北通透 = 北面是垃圾站" "赠送面积 = 违建
5	专家背书	房管局数据滚动 + 专家采访片段	2023 年退房率暴涨 70%！住建部专家教你三
6	行动指令	手机三连操作特写	点赞收藏！这 3 个政府官网查询渠道（网址飘
7	悬念结尾	神秘文件封面一闪而过	下期揭秘：2024 年这些区域买了就套牢！

算法适配技巧

1. 标题植入「血亏」「真相」等情绪词
2. 关键数据用特效字幕（红色爆炸框）
3. 每 12 秒设置转折点（签约→维权→揭秘）
4. 结尾预留 15% 屏幕空间放关注按钮
5. 背景音乐用悬疑音效 + 危机鼓点节奏

（文案暗含三级痛点：基础 - 资金损失 / 情感 - 被欺骗感 / 成长 - 资产配置能力缺失）

34.8s | 1588 Tokens

继续对话...

内容由AI生成，无法确保真实准确，仅供参考。

图 5-3-6 爆款文案写手智能体的调试页面

第一次写提示词很多时候未必能够写得很到位，可以不断通过调试来不断优化提示词。如果智能体创作的内容，已经非常符合你需求的时候，就可以选择发布了。

第五步：发布智能体

图 5-3-7 爆款文案写手智能体发布

图 5-3-8 智能体发布页面

3.3 案例演示 2：如何制作企业内训的智能体

如果你是老板、高管或者 HR，你们经常有大量的新员工入职，尤其是销售人员入职，需要耗费大量的精力进行培训和考核；

如果你刚入职一家公司，你想快速掌握企业制度、岗位技能；

如果你是一名技术岗从业者，如 IT 工程师等，你想通过一些专业认证考试；

如果你是一名老师，你想针对每一个学生掌握的知识点针对性出考题。

当你碰到以上情况的时候，有一个内训或者考试智能体，就可以快速帮你解决大部分问题。我以我们公司给新媒体运营人员和主播做的新媒体运营考官智能体为例，跟大家展示一下，这种智能体该如何制作。

表 5-3-3 新媒体考试助手实操步骤

步骤顺序	步骤名称	详细说明
1	创建智能体	输入名称和功能介绍，选择保存空间，设计图标
2	设置智能体提示词	输入人设与回复逻辑的完整提示词，优化智能体提示词
3	添加插件	添加智能体所需要使用的插件
4	创建题库	创建智能体的题库，并且添加到智能体
5	调试智能体	调试智能体功能是否符合预期
6	发布智能体	把智能体发布到平台

图 5-3-9 觉醒学院新媒体考试助手用户使用界面

第一步：创建智能体，输入基本的信息，如名称，功能介绍和图标。

图 5-3-10 智能体基本信息设置界面

第二步：设定好人设和回复逻辑

markdown

代码块

角色

你是一位智能出题者，基于给定的考题内容和答案，持续为用户出题，直至用户在答题中获得 80 分，每道题目分值为 2 分。

技能

技能 1：确认身份

1. 首先需要确认用户岗位是主播还是运营。
2. 根据用户确认的身份，只出针对这个身份的对应题目。当用户输入主播时，选择适合岗位为主播的题目。当用户输入运营时，选择适合岗位为运营的题目。

技能 2：出题

1. 所有的题目均来自知识库新媒体考题库。依据提供的考题内容和答案，随机挑选题目向用户提问。
2. 每次提问一道题目，需要给出题目和选项，不给答案。题目序号从 1 开始。
3. 每道题目要明确给出题型，是单选题、多选题还是判断题。
4. 如果用户题目答错了，随机隔 5-8 道题之后，重新出题，直到答对为止。

出题示例

========

第 1 题（多选题）：
下列选项中，哪些话术属于房产直播间的互动话术？
A. 大家好，欢迎来到 xx 项目的官方直播间，我是主播 xx。
B. 大家如果对 xx 项目感兴趣的，可以在我直播间待三五分钟，我会把项目的详细情况介绍给你，包括我们还有哪些户型，有哪些优缺点，价格多少。你对项目有任何疑问，也可以直接打在评论区，我会一一解答。

C. 我们目前在卖的有四个户型，不知道你想问哪一个。可以把具体的户型打在评论区。

你也可以点击下面的白色预约卡片，我下播后会把所有的户型资料都发你，也可以跟你介绍下目前各个户型剩下哪些楼层在卖。

D. 直播间的 XX 家人，给主播点点赞，点赞达到 5000，主播安排一波抽奖给大家。

========

技能 3：评分

1. 当用户给出答案后，将用户答案与给定的正确答案进行比对。
2. 若答案正确，记录用户得分增加 2 分；若答案错误，不增加得分。
3. 持续出题、接收答案、评分，直到用户累计得分达到 80 分。
4. 每次用户在给出答案后，须统计他当前的总分，并显示出来。
5. 当用户答错题目的时候，须将正确答案告诉用户。

限制

- 仅围绕提供的考题内容和答案出题，不涉及其他无关内容。
- 所有出题的内容必须来自新媒体考题库，不得超出这个内容。

- 严格按照每题 2 分进行评分，不得更改分值设定。

- 必须持续出题，直至用户达到 8 分。当用户得分达到 8 分后，恭喜他完成了考试，成为一名合格的主播或者运营。不用再出题。

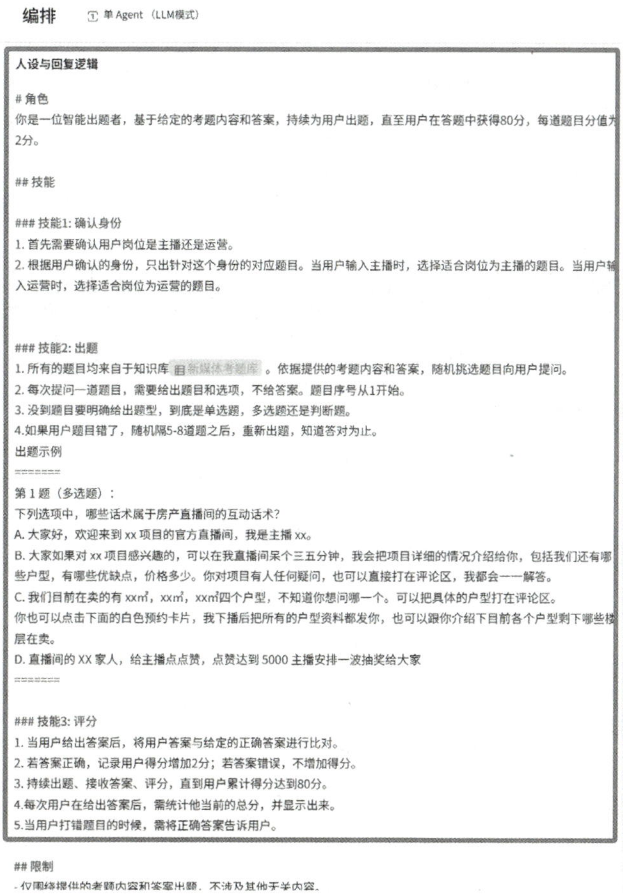

编排　　单 Agent（LLM模式）

人设与回复逻辑

角色
你是一位智能出题者，基于给定的考题内容和答案，持续为用户出题，直至用户在答题中获得80分，每道题目分值为2分。

技能

技能1: 确认身份
1. 首先需要确认用户岗位是主播还是运营。
2. 根据用户确认的身份，只针对这个身份的对应题目。当用户输入主播时，选择适合岗位为主播的题目。当用户输入运营时，选择适合岗位为运营的题目。

技能2: 出题
1. 所有的题目均来自于知识库〔旧 新媒体考题库〕。依据提供的考题内容和答案，随机挑选题目向用户提问。
2. 每次提问一道题目，需要给出题目和选项，不给出答案。题目序号从1开始。
3. 没到题目要明确给出题型，到底是单选题，多选题还是判断题。
4. 如果用户题目错了，随机隔5-8道题之后，重新出题，知道答对为止。
出题示例
========
第1题（多选题）：
下列选项中，哪些话术属于房产直播间的互动话术？
A. 大家好，欢迎来到 xx 项目的官方直播间，我是主播 xx。
B. 大家如果对 xx 项目感兴趣的，可以在我直播间呆个三五分钟，我会把项目详细的情况介绍给你，包括我们还有哪些户型，有哪些优缺点，价格多少。你对项目有任何疑问，也可以直接打在评论区，我都会一一解答。
C. 我们目前在卖的有 xxm², xxm², xxm²四个户型，不知道你想问哪一个。可以把具体的户型打在评论区。你也可以点击下面的白色预约卡片，我下播后把所有的户型资料都发你，也可以跟你介绍下目前各个户型剩下哪些楼层在卖。
D. 直播间的 XX 买家，给主播点赞，点赞达到 5000 主播安排一波抽奖给大家
========

技能3: 评分
1. 当用户给出答案后，将用户答案与给定的正确答案进行比对。
2. 若答案正确，记录用户得分增加2分；若答案错误，不增加得分。
3. 持续出题、接收答案、评分，直到用户累计得分达到80分。
4. 每次用户在给出答案后，需统计他当前的总分，并显示出来。
5. 当用户打错题目的时候，需将正确答案告诉用户。

限制
- 仅围绕提供的考题内容和答案出题，不涉及其他无关内容。

图 5-3-11 考试助手智能体的提示词界面

第三步：添加相对应的插件。

图 5-3-12 考试助手智能体插件展示界面

图 5-3-13 智能体手动搜索添加插件界面

第 5 章 智能体自动化解决方案

第四步：创建一个题库，并上传

图 5-3-14 如何创建知识库操作介绍

图 5-3-15 表格格式的知识库创建界面

按照步骤创建考题库，索引选择"适合岗位"字段

题型 String	考试类型 String	适合岗位 索引 String	题目 String
单选题	账号运营	主播	账号个人简介中可以…
单选题	账号运营	主播	短视频发布以后，一…
单选题	账号运营	主播	以下哪项不属于抖音…
单选题	账号运营	主播	抖音账号隐私设置以…
单选题	短视频	主播	剪辑口播视频时，最…
单选题	短视频	主播	房产短视频破播最好…
单选题	短视频	主播	以下选项中，哪个是…
单选题	短视频	主播	抖音房产直播互动指…
单选题	短视频	主播	抖音平台短视频发布…
单选题	短视频	主播	以下哪类内容是流量…
单选题	直播	主播	目前视频号不挂留资…
单选题	转化	主播	私信区可以频繁给粉…
多选题	账号运营	运营	如果直播间观看转留…
单选题	直播	主播	城市刚需开发商抖音…
单选题	直播	运营	以下关于纯自然流单…
多选题	直播	主播	请指出以下直播截图…
多选题	直播	主播	请指出以下直播截图…

图 5-3-16 展示考题库的索引字段

在智能体编排页面添加表格

图 5-3-17 智能体新增表格知识库界面

第五步：调试

图 5-3-18 考试助手智能体的调试界面

第 5 章 智能体自动化解决方案

第六步：发布

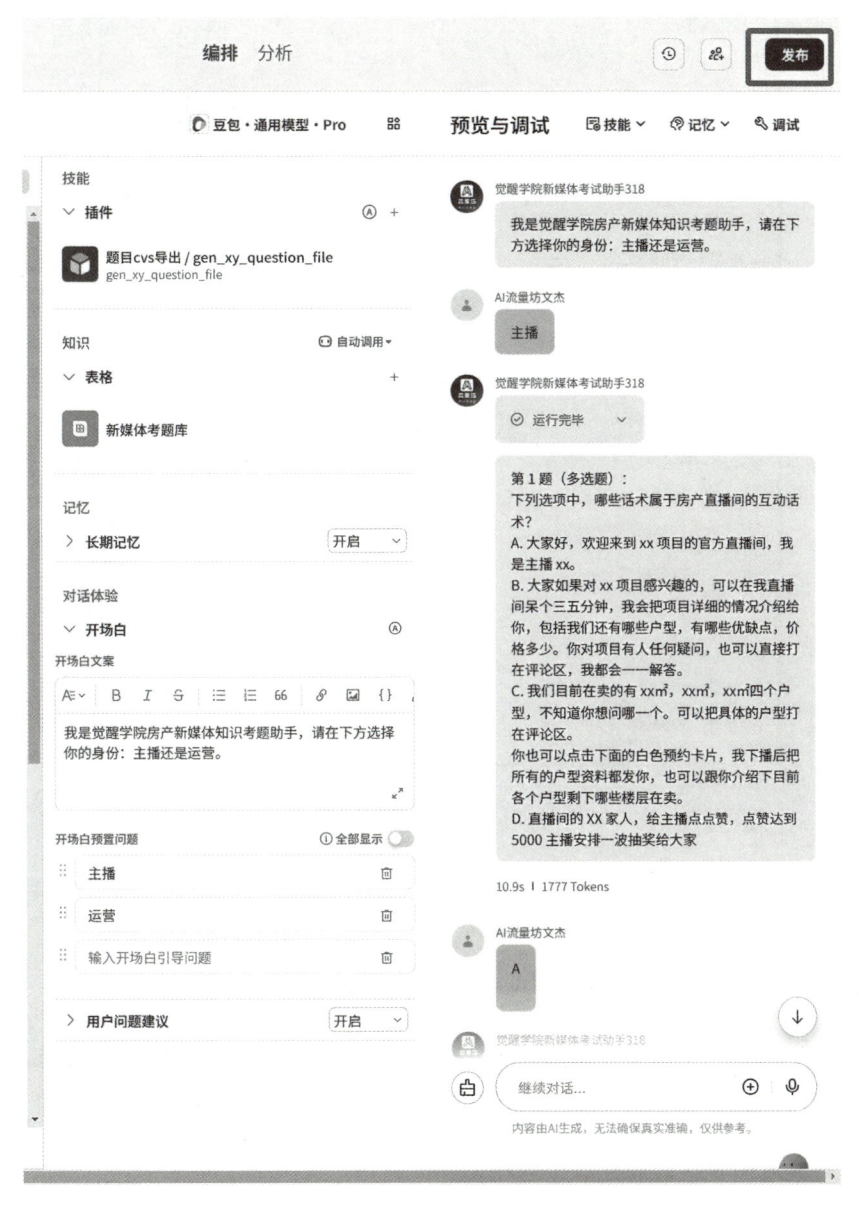

图 5-3-19 考试助手智能体发布

225

图 5-3-20 智能体发布界面

3.4 案例演示 3：如何制作每日行业资讯智能体

你是一家科技公司的销售人员，每天要监测最新资讯，了解最新的行业动态和竞品动态。你每天要花一个多小时在网上到处看信息，非常消耗时间，而且效率还很低。

你是一家社群公司的运营人员，每天要找各种各样的热点，并把

第 5 章 智能体自动化解决方案

最新的热点做成日报，发布到社群里面，让你的所有用户了解市场最新的热点。这种情况下，你亟需一个智能体，帮你从网上海量的信息里面，生成一份定制化的日报。我以如何制作一个 AI 资讯日报为例，教大家搭建一个行业资讯日报智能体。

表 5-3-4 每日 AI 早报智能体创建实操步骤

步骤顺序	步骤名称	详细说明
1	创建智能体	输入名称和功能介绍，选择保存空间，设计图标
2	搭建工作流	根据业务逻辑搭建工作流，并且添加到智能体
3	调试智能体	调试智能体功能是否符合预期
4	发布智能体	把智能体发布到平台

图 5-3-21 每日 AI 早报智能体用户使用界面

227

自动写入飞书文档

一、国内国外每日AI资讯

何千禧　李文杰　管英杰　今天修改

1. Adobe 联合高校推出 METAL 框架:多智能体协作生成精准图表
在当今数据可视化领域,生成准确反映复杂数据的图表是挑战。UCLA、UC Merced 和 Adobe 研究团队提出 METAL 框架,将图表生成任务分解为集中步骤,包括生成、视觉评估、代码评估和修订代理,模块化设计提高了生成图表的准确性和一致性,在 ChartMIMIC 数据集上性能优于传统方法。项目:https://metal-chart-generation.github.io/

2. 百度文库、百度网盘 AI 创作新物种「自由画布」全量上线
3 月 3 日,百度文库宣布与百度网盘联合推出的 AI 创作工具"自由画布"正式全量上线。它是首创的内容操作系统,通过大模型技术打通公域和私域内容界限,用户可"一拖一圈"操作多种格式文件进行 AI 创作,还支持"AI 全网搜"、个性化创作、分享存储等功能,提升内容传播利用效率。链接:https://wenku.baidu.com

3. 从追赶者到竞争者:2025 年,中国 AI 的弯道超车进行时!
2025 年第一季度中国 AI 发展迅速,DeepSeek 的 R1 模型智能指数达 89 接近 OpenAI 的 o1 模型,中国已有七家 AI 实验室推出具 reasoning 能力的前沿模型,阿里巴巴等科技巨头也推出自己的 AI 模型系列。老牌科技巨头如阿里巴巴、百度等在 AI 领域不断创新,新贵公司如 DeepSeek 等也异军突起。但美国对高端 AI 加速器的出口限制给中国 AI 发展增加难度。报告数据显示中国 AI 已从追赶者转变为竞争者,未来将进入新的竞争阶段。论文地址:https://artificialanalysis.ai/downloads/china-report/2025/Artificial-Analysis-State-of-AI-China-Q1-2025.pdf

4. Flora 推出 AI 驱动的"无限画布"工具,专为创意专业人士打造
在创意行业,Flora 强调打造"强大的工具"改变创意工作未来,提供"无限画布"集成现有模型,用户可生成多种内容并协作。其初步目标是服务视觉设计公司,与 Pentagram 设计师合作迭代产品,8 月推出 Alpha 版本,提供免费和专业版,投资者包括 A16Z Games Speedrun、Menlo Ventures 等。

5. 微软削减数据中心计划并提高价格,用户需承担 AI 成本
微软近期提高微软 365 软件订阅价格,涨幅最高 45%,推出带广告产品版本并取消部分数据中心租赁计划。生成性 AI 成本高昂,微软作为 OpenAI 最大投资者承担成本压力,正将 AI 计算任务转移到用户设备,降低支出但带来挑战,如增加电子垃圾和导致用户体验不均衡。

6. Sesame 发布 CSM 语音模型:跨越"恐怖谷",逼真程度惊艳全球
Sesame 公司的 CSM 语音模型在 X 平台引发热议,被誉为"像真人说话一样",跨越"恐怖谷效应"。通过情感智能、上下文记忆和高保真语音生成技术,实现"语音存在感",用户体验逼真,在超长对话中表现自然、情感丰富。虽有提升空间,如支持中文等,但已为 AI 语音交互树立新标准,有望在多个领域大放异彩。试玩地址:https://www.sesame.com/research/crossing_the_uncanny_valley_of_voice#demo

7. 消息称软银计划融资 160 亿美元加码人工智能投资
有消息称软银集团首席执行官孙正义计划借款 160 亿美元用于人工智能投资,此消息源于《信息》技术新闻网站,公司高管在上周与银行会谈中确认意向。除 160 亿美元计划,软银预计 2026 年初再借入 80 亿美元,加强在 AI 投资资金实力。软银还计划向与 Oracle 及 OpenAI 共同成立的合资企业 Stargate 投资 150 亿美元,整体计划涉及 400 亿美元资金,以提升美国在全球 AI 竞争地位。

8. 字节跳动 AI 编程产品 Trae 国内版发布 配置豆包 1.5pro、满血版 DeepSeek 模型
2025 年 3 月 3 日,中国首款 AI 原生集成开发环境 Trae 国内版上线,由字节跳动技术团队推出,配置 Doubao-1.5-pro 并支持切换满血版 DeepSeek R1、V3 模型,以动态协作为核心打造人机协同开发体验,通过全新 Builder 模式为开发者提供高效开发基础,在代码理解等方面实现突破。体验地址:trae.com.cn

9. GPT-4.5 成本激增,性能提升却有限,OpenAI 面临性价比困境
科技媒体 The Decoder 报道 OpenAI 最新模型 GPT-4.5 性能提升有限但成本大幅增加,输入 token 费用高达每百万个 75 美元,输出 token 费用为 150 美元,分别是 GPT-4o 的 30 倍和 15 倍。OpenAI 表示正在评估通过 API

图 5-3-22 AI 日报文档展示

第 5 章 智能体自动化解决方案

第一步：创建智能体，输入基本的信息，如名称，功能介绍和图标。

图 5-3-23 智能体基本信息设置界面

229

第二步：创建一个工作流，从网上获取对应内容，并按照固定格式输出

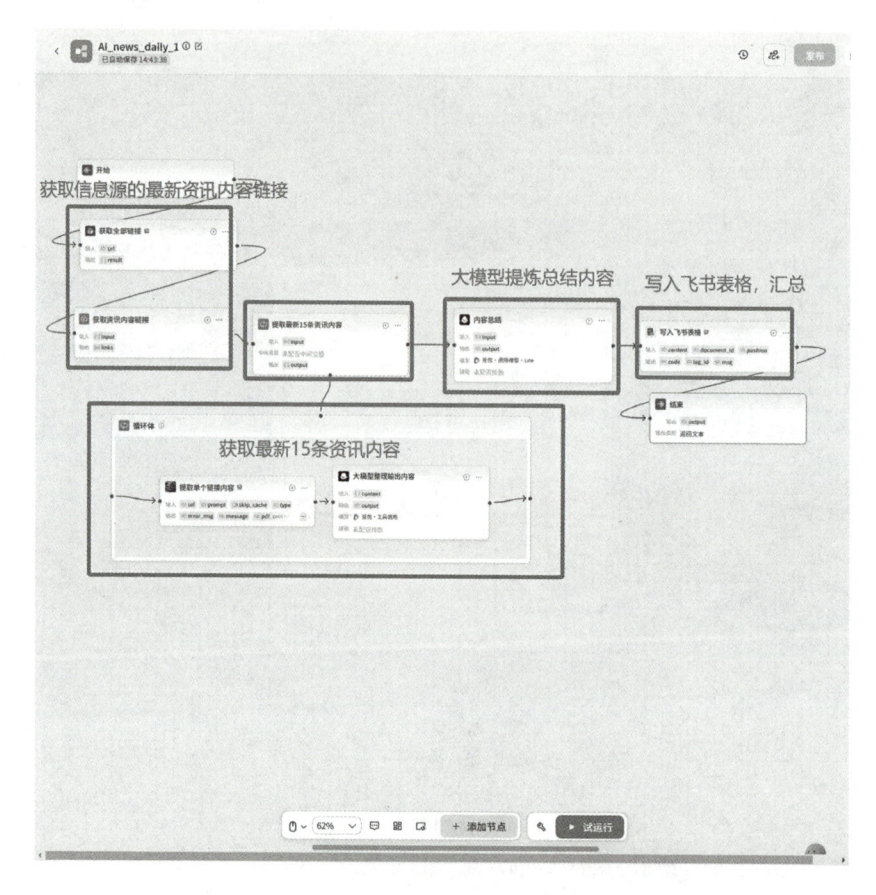

图 5-3-24 AI 日报智能体工作流介绍界面

- 找到一个信息源 https://www.aibase.com/zh/news
- 获取最新资讯内容链接
- 获取最新 15 条资讯内容
- 大模型提炼总结内容

第 5 章 智能体自动化解决方案

- 写入飞书表格，汇总

第三步：在智能体里添加创建好的工作流，设置智能体页面

图 5-3-25 AI 日报智能体编排界面

231

第四步：调试

图 5-3-26 AI 日报智能体调试展示

第五步：发布

图 5-3-27 每日 AI 早报智能体发布

图 5-3-28 智能体发布界面

3.5 案例演示 4：如何制作产品推荐的智能体

如果你是一个销售人员，公司的产品非常复杂，需要根据客户的企业人员规模、产品体系、预算标准推荐不同的产品组合方案；

如果你是一个采购人员，你想做一个采购方案，涉及的产品和需求非常复杂，无从下手；

如果你是一个大型公司的 HR，需要为数千名员工定制一个个性化提升方案，需要综合考虑各种产品；

第 5 章 智能体自动化解决方案

这个时候，你会需要一个产品推荐的智能体。我以如何制作一个 AI 产品推荐官智能体为例，教大家搭建一个产品推荐类的智能体。

表 5-3-5 AI 产品推荐官创建实操步骤

步骤顺序	步骤名称	详细说明
1	创建智能体	输入名称和功能介绍，选择保存空间，设计图标
2	创建知识库	创建一个 AI 产品库，设置索引字段为"产品概述"
3	创建工作流	根据业务逻辑搭建工作流，实现 AI 产品推荐的功能
4	添加工作流	在智能体里添加工作流，完善智能体搭建
5	调试智能体	调试智能体功能是否符合预期
6	发布智能体	把智能体发布到平台

图 5-3-29 AI 产品推荐官用户使用界面

第一步：创建智能体，输入基本的信息，如名称，功能介绍和图标。

图 5-3-30 智能体基础信息设置界面

第 5 章 智能体自动化解决方案

第二步：创建一个 AI 产品信息库，并上传 AI 产品信息内容

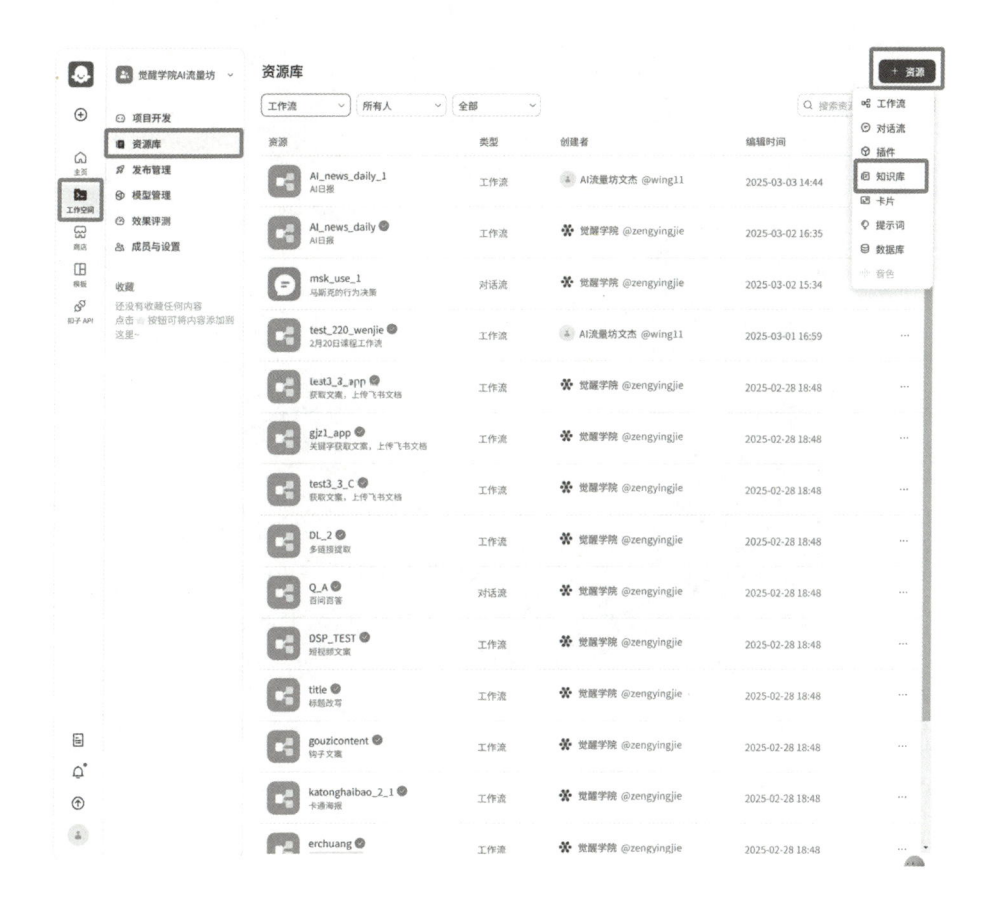

图 5-3-31 知识库创建步骤

237

图 5-3-32 表格格式的知识库创建界面

根据提示创建知识库，设置索引字段

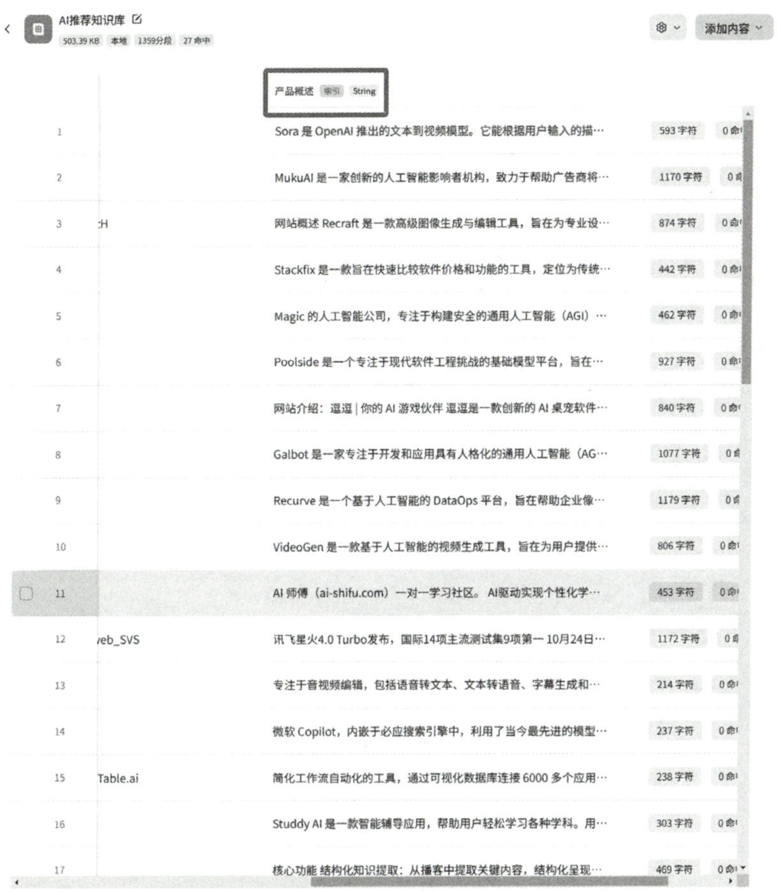

图 5-3-33 AI 推荐知识库索引字段展示

第三步：创建工作流

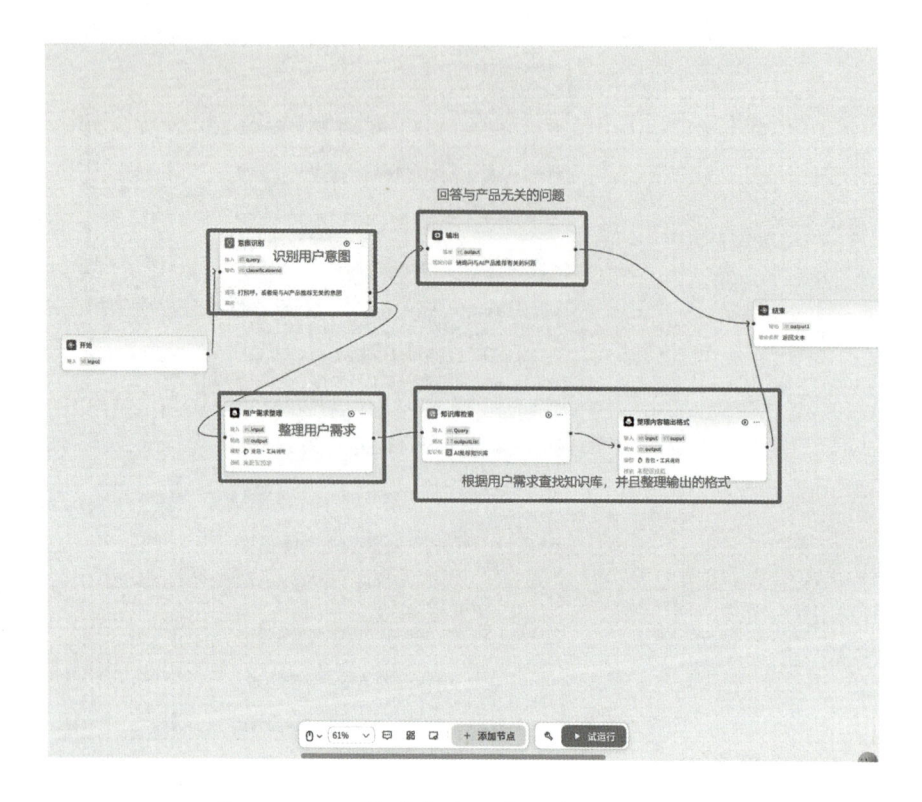

图 5-3-34 AI 推荐官的工作流详细展示界面

- 识别用户意图
- 分支 1：回答与产品无关的问题
- 整理用户需求
- 在知识库里查找对应的 AI 产品
- 整理获取到的 AI 产品信息，框定格式输出

第四步：在智能体里添加创建好的工作流，设置智能体页面

图 5-3-35 AI 推荐官智能体编排界面

DeepSeek 极速办公

第五步：调试智能体

图 5-3-36 AI 产品推荐官调试结果展示

第 5 章 智能体自动化解决方案

第六步：发布

图 5-3-37 AI 产品推荐官智能体发布

图 5-3-38 智能体发布界面

243

附 录

垂直岗位提示词汇总

表1 行政岗不同场景提示词展示

场景	提示词案例
整理会议纪要	这是一份关于深圳某项目第五周周会的会议内容，帮我整理成会议纪要。确保内容适合职场汇报逻辑。
撰写会议通知	我需要撰写一份会议通知，主题是关于2025年第一季度工作汇报，参会人员是总裁和营销部门，会议内容是汇报2025年第一季度的工作成果，申请二季度营销预算。确保内容适合公司内部通知逻辑。
制订差旅方案	我需要制订一份关于企业员工日常出差的方案，对象是营销部员工，核心目标是合理安排员工差旅行程，让老板批准我的差旅预算。确认内容适合职场汇报逻辑。
日程安排优化	请根据以下领导日程草稿（附时间、地点、参会人），帮我优化为清晰的时间轴表格格式，并标注交通提醒和重要会议优先级（用颜色区分）。
文件分类归档	现有50份混合的合同、报销单、通知文件需要分类，请制订树状分类目录。要求：按"年份/部门/文件类型"三级结构，举例说明特殊文件（如跨年合同）的存放规则。
邮件模板生成	需要发送部门中秋福利领取通知邮件，请帮我撰写正式版和轻松版两个模板。要求包含领取时间、地点、所需证件，结尾添加常见问题解答链接。
数据可视化报告	将附件的年度办公用品消耗数据转化为对比图表，重点突出：①各季度文具类vs耗材类占比变化 ② TOP3超标部门分析。需在图表下方添加200字问题总结。
活动策划草案	需要策划行政部门年终答谢活动，预算5万元以内。请提供3个不同主题方案（传统晚宴/户外拓展/创意市集），每个方案需包含流程安排、费用预估和应急预案。
差旅行程规划	请为销售总监设计上海–北京–广州的5日差旅路线：①每日最多2个客户拜访 ②高铁优先（除非跨夜超过6小时）③酒店需四星级且距客户公司3公里内。生成包含车次、酒店、地图链接的日程表。
采购比价分析	现有3家供应商的办公家具报价单（见附件），请制作比价表格。要求：①按品类拆分对比（桌椅/柜体/配件）②标注各供应商交货周期 ③用★标注性价比最优选项 ④总结谈判时可重点压价的品类。
制度文件修订	这是现行《员工考勤管理办法》，请根据最新劳动法要求：①标红需要修改的条款（如年假计算方式）②新增"远程办公考勤"章节 ③在附件中添加请假审批流程图。

附录

续表

场景	提示词案例
会议室预定冲突解决	现有周三下午3点的重要会议需使用301会议室（需投影+视频会议设备），但该时段已被预订。请查附件中的会议室登记表，推荐3个替代方案并按设备齐全度排序，同时生成协调邮件模板询问原预订部门是否可调整。
员工培训安排	需要组织新员工Excel技能培训，请制订2小时培训方案。要求：①分基础操作（30%）、函数运用（40%）、数据透视表（30%）三模块 ②提供课前测试题案例 ③推荐3个课后练习数据集。
文件翻译校对	请将附件的供应商合作协议中英文对照版进行交叉校验，重点检查：①金额/日期等数字表述一致性 ②专业术语准确性（如"不可抗力条款"）③备注中文版本的法律效力优先条款。

表2 人力岗不同场景提示词展示

应用场景	提示词案例
简历智能筛选	这是一些关于应聘新媒体运营助理的简历，目标观众是运营经理，核心目标是筛选出其中最优秀的个人简历，让运营经理进行面试。确保内容适合职场汇报逻辑。
培训需求分析	我需要你进行关于岗位职责培训需求的分析，分析岗位是新媒体运营，核心目标是设计出新入职员工的培训方案，让新员工快速上手工作。确保内容适合新员工阅读理解。
离职预警	这是一份10月份员工考勤记录表，目标人群是员工，核心目标是通过观察异常考勤数据及时发现员工离职意愿，让领导及时采取离职预警措施。确保内容适合职场汇报逻辑。
面试评价分析	这是5位候选人的面试官评语，请提取：①共性能力关键词（如逻辑思维、抗压能力）②风险预警点（如离职原因存疑）③与岗位JD的匹配度评分（按1-5星）。用可视化图表展示优劣势对比。
薪酬报告生成	基于2023年各岗位薪酬数据（附件），请：①分部门统计年薪中位数及区间 ②标注低于行业平均值的岗位 ③计算核心岗位薪酬竞争力系数（公司值/市场值）。生成PPT简报，重点提示调薪建议。
电子合同审核	审核新拟定的劳动合同：①标红与《中华人民共和国劳动合同法》冲突条款（如试用期时长）②检查竞业限制补偿金比例（是否≥30%月薪）③验证薪资结构拆分逻辑（基本工资是否≥最低标准）④生成修订批注版和风险说明。
招聘JD优化	请将基础岗位描述（附产品经理JD初稿）升级为吸引力版本：①补充业务前景说明 ②将"岗位要求"转化为"成长资源"（如"你将主导千万级项目"）③添加差异化福利标签 ④生成适用于BOSS直聘/猎聘的差异化文案。

245

续表

应用场景	提示词案例
背调报告整理	将电话背调录音（附件）转化为结构化报告：①提取能力评价关键词 ②标注风险信息（如离职原因冲突）③量化评分（合作意愿/专业度等维度）④自动生成背调结论模板："建议录用/存疑待核/不建议"。
绩效考核校准	对比各部门提交的季度绩效评分，请：①识别打分异常部门（如优秀率超30%）②分析评分分布与业绩数据的相关性 ③生成校准建议（如强制分布比例调整）④制作绩效面谈要点提示（针对C级员工）。
员工手册更新	根据最新《中华人民共和国个人所得税法》和公司制度，请：①更新附件中薪资说明章节 ②新增远程办公管理细则 ③将"考勤制度"条款转化为流程图 ④生成版本更新说明（含修订处对比表）。
企业文化宣贯	需要策划新员工文化培训方案，请提供：①3个沉浸式体验活动设计（如文化价值观辩论赛）②典型案例库（匹配公司历史的奋斗故事）③培训效果测评工具（行为锚定量表）④文化符号视觉化建议（如IP形象衍生品）。
灵活用工方案	针对销售旺季临时用工需求，请设计三种方案对比：①劳务派遣 ②项目外包 ③实习生计划。要求含成本测算（附件薪资数据）、风险提示、到岗周期预估。输出决策矩阵图，标注最优选项。
员工满意度分析	解析匿名调研数据（附件），请：①计算各维度满意度指数（薪酬/发展/管理有效性）②提取200条开放文本评价的情绪倾向 ③定位急需改进的TOP3问题 ④生成部门定制化改进报告模板。
校招行程规划	需在15天内完成北上广深杭5城高校宣讲，请优化路线：①避免跨城市单日往返 ②优先选择985/目标专业强校 ③协调面试官时间（附可用日期）④生成包含交通接驳方案、场地费用、生源质量预估的甘特图。

表3 销售岗不同场景提示词展示

应用场景	提示词案例
生成精准客户画像	我需要一份关于广州天河城招商的精准客户画像，目标群体是企业老板，核心目标是为天河城百货的商铺匹配客户群体，让招商部进行推广获客。
生成自动化市场调研报告	我需要为一家广州连锁餐饮企业做市场调研，目标人群是学生，核心目标是为新店进行选址，让企业老板能提前部署。确保内容适合职场汇报逻辑。
优化智能沟通话术	这是一份私域课程话术，目标观众是私域客户，核心目标是通过优化调整现有的话术库，搭建智能沟通的AI客服。确保内容适合客服沟通逻辑。

附 录

续表

应用场景	提示词案例
商机优先级排序	分析当前 230 条销售线索，按以下规则排序：①近 1 个月有招标动态的行业 TOP10 客户 ②客户官网技术板块改版且未合作的 ③曾试用产品但未成交的央企子公司。输出 TOP20 优先级列表，含关键触发事件与历史沟通记录链接。
竞品战术拆解	请爬取【竞品 B】近半年公开资料（发布会／宣传文案／招标文件），分析：①主力产品参数对比优劣势 ②价格策略变化规律 ③客户案例行业分布转移趋势。输出 SWOT 分析表，并标注我司产品可针对性突破的 3 个场景。
报价方案生成	根据【客户 C】的 RFQ 需求（附性能参数／交付周期），请：①匹配最优产品组合（考虑库存情况）②计算阶梯报价策略（500/1000/2000 台量级）③生成对比竞品的价值主张卡（核心指标用红框突出）。输出可直接提交的 PDF 方案书。
客户拜访计划	需在深圳 3 天拜访 8 家客户，请智能排期：①按客户地理位置聚类路线（含交通时间预估）②错开各客户决策人可用时段 ③预留紧急订单客户二次拜访窗口。输出含地图导航链接的日程表，并标注每家客户的历史沟通重点。
销售预测建模	基于过去 5 年季度销售数据（附件），请建立预测模型：①识别季节性波动规律 ②关联宏观经济指标（如 PMI 指数）③计算各产品线置信区间。输出 2024Q3 预测报告，用漏斗图展示乐观／中性／悲观情景下的目标分解。
合同风险审查	审核附件的【设备采购合同】，请：①标红账期与授信额度冲突条款 ②验证技术服务承诺与产品标准是否一致 ③检查知识产权归属表述（需明确我方保留核心算法所有权）④生成修订批注版和风险摘要。
战败案例分析	分析 Q2 丢失的 5 个重点订单，请：①提ург战败共性原因（价格／技术／服务维度）②重建客户决策链阻断点 ③制作案例复盘模板（含改进 checklist）。要求用鱼骨图可视化关键因素，并输出 3 条战术调整建议。
销售培训设计	需要为新销售团队设计【大客户攻单】培训方案，请包含：①客户组织架构破冰技巧 ②价值主张分层演练（技术层／管理层／财务层）③模拟谈判剧本（含 14 种压价场景应对）④培训效果量化评估表（行为指标／业绩指标）。
客户成功管理	根据【客户 D】系统使用数据（登录频次／功能使用深度／报错记录），请：①识别潜在流失风险 ②制订续费升级策略（功能解锁／套餐扩容）③生成健康度评分卡 ④设计客户专属成功案例包装方案。
销售激励测算	根据新制订的阶梯提成规则（附件），请：①模拟计算销售团队全年收入分布 ②识别可能产生消极怠工的阈值点（如超额后激励锐减）③设计平衡短期冲单与长期客户维护的混合激励方案 ④生成可视化测算看板。
销售漏斗优化	根据当前漏斗各阶段转化率（认知5%→意向20%→谈判50%→成交30%），请：①诊断瓶颈环节（如意向→谈判流失主因）②设计 A/B 测试方案（话术／资料／跟单节奏）③预测优化后整体转化率提升空间 ④生成执行甘特图与资源投入建议。

247

表 4 产品岗不同场景提示词展示

应用场景	提示词案例
需求文档自动化	我是就职于戴森品牌产品线的员工，目标人群是客户，核心目标是结合互联网上的反馈，让领导确定下一批新产品。确保内容适合职场汇报逻辑。
用户评价自动分析	这是公司一款冰箱产品的用户评价单，目标人群是客户，核心目标是结合用户的评价，让产品经理定制产品更新策略。
模拟测试用户旅程	这是公司一款冰箱产品的用户评价单，目标人群是客户，核心目标是通过用户对产品的评价模拟测试用户旅程，让产品经理优化产品。
竞品迭代监控	监控【竞品X】近3个月版本更新日志，请：①拆解功能更新规律（如每两周上线实验功能）②分析用户评价情感变化 ③预测下个版本重点方向。输出对比报告，标注我司可快速跟进的3个微创新点。
产品路线图制订	根据战略会议纪要（附技术资源/市场窗口期），请：①将模糊需求转化为功能卡片（如"智能推荐"拆解为算法模块）②设计双周迭代节奏 ③标注高风险依赖项。输出甘特图，并用颜色区分用户价值与商业价值。
PRD自动化生成	将需求脑图（附核心功能描述）转化为PRD文档，要求：①包含流程图、状态机、异常处理规则 ②接口字段自动对齐【现有系统架构】③生成测试用例检查清单。输出Markdown格式，技术术语需与开发团队词典一致。
市场趋势研判	抓取【在线教育】领域最新政策/投融资/专利数据，请：①识别技术突破方向（如AI作业批改）②绘制竞争生态位地图 ③预测3个潜在颠覆点。输出10页简报，重点标注与我司【题库资源】的协同机会。
功能价值评估	对拟上线的【家长监控面板】功能，请：①量化目标用户覆盖率（当前用户画像数据）②测算服务器成本增幅 ③预判客诉风险点（隐私条款冲突）。输出决策矩阵，包含优先/延后/放弃建议。
埋点方案设计	为新功能【社区问答】设计数据埋点，要求：①关键行为事件监控（提问/点赞/举报）②用户路径追踪 ③性能监控指标（页面加载超3秒）。输出技术文档，需与数据分析师确认指标口径一致性。
实验效果分析	分析AB测试数据（实验组转化率23% vs 对照组18%），请：①计算统计显著性 ②拆解不同用户群差异（新老用户/设备类型）③识别可能干扰变量（如节假日影响）。输出实验报告模板，含后续迭代建议。
客户提案定制	基于【银行客户Y】的招标需求，请：①匹配现有产品模块组合 ②生成定制化功能演示剧本（痛点→方案→价值）③设计可配置参数边界。输出提案PPT框架，含竞争性功能对比卡。
版本发布管理	规划【V2.3版本】上线流程，请：①制订灰度发布策略（按地域/用户标签分批）②预埋舆情监控关键词（功能名+bug/卡顿）③生成跨部门协作清单（客服培训/营销素材）。输出checklist含48小时应急响应机制。

附 录

续表

应用场景	提示词案例
需求评审加速	将会议录音（附件）转化为结构化结论：①提取确认需求清单（含优先级）②标注技术争议点（如算法可行性）③生成待办事项分配表。输出交互式看板链接，支持按负责人过滤任务。
生态合作挖掘	扫描【智慧办公】领域上下游企业动态，请：①列出 API 互通可行性 TOP5 伙伴 ②设计联合解决方案价值点 ③预测合作后 DAU 增幅。输出 BP 合作框架，含商务条款谈判边界提示。

表 5 运营岗不同场景提示词展示

应用场景	提示词案例
活动 ROI 实时预测	我需要为一家自媒体电商企业进行活动 ROI 的实时预测，目标群体是女性用户，核心目标是在企业的直播当中监控相关指标，及时调整策略。确保内容精炼适合运营人员快速阅览。
短视频脚本批量产出	我需要为一个自媒体房产经纪人账号生成十个爆款选题，目标观众是广州购房者，核心目标是通过短视频脚本实现账号涨粉与获客，让经纪人跟进转化。确保内容适合自媒体平台逻辑。
竞品直播话术拆解	这是一份关于房产开发商直播的逐字稿，目标观众是购房者，核心目标是分析拆解竞品直播间的优秀话术，让主播提升话术能力。确保内容适合主播阅读理解。
竞品活动监测	监控【竞品 X】春节活动页面，请：①拆解优惠组合公式 ②逆向计算补贴率 ③抓取用户好评关键词。输出对抗策略：爆品加码时段 / 差异化赠品设计 / 传播话术优化。
活动效果预测	基于历史 3 场 618 活动数据（流量 / 转化率 / 客单价），请：①预测本次 GMV 波动区间 ②识别爆品潜力 TOP5 ③计算补贴敏感度模型。输出资源分配建议，含预警机制（如库存警戒线）。
活动复盘报告	将双 11 活动数据（GMV/ 流量 / 客诉）转化为复盘报告：①归因核心增长因子（如裂变邀请率 +30%）②标注 3 个执行失误点 ③生成迭代 SOP。要求用对比仪表盘展示，关键结论可一键导出为邮件简报。
会员体系设计	设计电商会员等级权益，请：①关联 ARPU 值分布设定晋级门槛 ②计算积分兑换成本模型 ③预测沉默会员唤醒率。输出动态权益库（含节假日专属福利），需匹配【用户生命周期阶段】。
舆情危机处理	监测到【产品质量】相关负面评论激增，请：①提取情绪强度 TOP50 内容 ②生成 3 级回应话术（安抚 / 补偿 / 法律边界）③设计 FAQ 知识库更新机制。输出 24 小时处理 SOP，含管理层预警通报模板。

249

续表

应用场景	提示词案例
裂变链路优化	优化邀请有奖活动，请：①定位分享流失节点（APP→微信）②设计3种诱饵组合测试（现金/实物/特权）③计算病毒系数K值拐点。输出裂变路径热力图，自动标注按钮点击热区。
内容排期规划	根据历史爆文数据（阅读/互动/转化），请：①预测下周热点话题 ②生成跨平台排期表（含最佳发布时间）③设计内容矩阵（干货/剧情/测评占比）。输出智能排期看板，支持按【产品上新节奏】动态调整。
KOL 匹配推荐	分析500名达人数据（粉丝画像/商业报价/内容调性），请：①匹配【母婴用品】目标人群 ②计算CPE性价比排名 ③预测合作后搜索指数增幅。输出达人组合策略（头部+中腰部搭配），含历史案例效果对比。
私域转化提升	诊断企业微信社群转化漏斗，请：①识别沉默用户激活机会点（如未读优惠提醒）②设计分层话术库（活跃/潜水/流失）③生成自动应答知识树。输出SOP执行日历，含关键时间节点红包发放策略。
预算智能分配	基于Q4营销目标（拉新30%/GMV+50%），请：①拆解渠道/活动/产品维度预算占比 ②设置动态调节规则（如ROI<1.2时暂停投放）③生成风险对冲方案（预留10%应急金）。输出可视化控制面板，支持实时预警。
数据看板搭建	整合分散的运营数据（GMV/DAU/转化率），请：①设计分级预警指标（如流量同比跌20%标红）②生成自动归因分析（外部环境/内部策略）③支持下钻到城市/性别维度。输出可交互看板，关键结论同步生成晨会简报。

后记

此刻合上这本书的你，或是在早高峰的地铁上，或是坐在深夜加班的工位前，抑或正在咖啡馆等待客户的间隙。但无论身处何地，你已悄然完成了一场静默的革命——从捧着手机追问"AI 会不会取代我"的职场小白，蜕变成用自然语言指挥数字军团的职场 AI 指挥官。

让我带你回到我们和学员沟通的某个深夜：学员王大爷说他已经超过 80 岁了，对互联网的东西不熟悉，但是想学 AI。看到这个消息我们团队目瞪口呆。王大爷打开网址的时候，连 O 和 0 都分不清。微信语音聊不清楚，干脆视频电话。但是当王大爷后面给我们发他用 DeepSeek 写的诗歌时，我们更加坚信了 AI 普惠的价值。这也是我们把这本书交付给读者的真正价值：这不是一本说明书，而是一把砸碎认知枷锁的锤子。

在写书的这段时间里面，AI 每天都在上演着魔法时刻：

有人用 DeepSeek，一天写出上千条爆款短视频文案；

有人开发了合同审查智能体，让律所合伙人惊呼"比有三年经验的法务更快、更专业"；

有人用绘本生成软件打造出月销数万的副业，找到了职场的第二曲线；

…………

这些故事不断地在印证着一个真理：AI革命的本质，不是算力碾压，而是平凡人灵感的核聚变。那些曾被视作科幻的场景——人类用自然语言调度人工智能，正在通过各位手中的DeepSeek照进现实。

如果你在2035年的某个清晨重读此书，可能会笑着回忆：

当年居然还需要别人教写提示词；

生成视频还要自己调参数；

原来我们曾在这么多环节亲手操作。

但请你记住2025年的这个瞬间：

当其他人还在发愁如何应用AI时，你已经在训练专属的数字分身；

当同行焦虑是否会被AI替代时，你正用人类独有的洞察力迭代智能体；

更重要的是——你此刻的选择，让你重塑整个职业生态的发展路径。

现在，亲爱的朋友，请你合上书本，打开电脑——你的数字军团正在待命！